智能家居关键技术

主　编　王　欢　谢　寒　李晓龙

副主编　张孝聪　梁菱菱　陈庆豪

　　　　张　军　贾晓宝

北京理工大学出版社

BEIJING INSTITUTE OF TECHNOLOGY PRESS

内 容 提 要

本书以目前流行的物联网智能家居为主线，系统地讲述了智能家居功能特点、系统架构、关键技术及功能子系统。本书以典型的智能家居系统为载体，全面介绍了走进智能家居、智能家居系统架构及常用协议、智能家庭网络系统、智能照明系统、智能传感器、智能安防系统、空气调节系统的设计与应用。

本书可作为各类职业院校建筑智能化工程技术专业、物联网应用技术专业及相关专业的教材，也可作为智能家居设计人员、研发人员，以及想要进入智能家居行业的智能家居爱好者、技术人员、投资人员的参考用书。

图书在版编目（CIP）数据

智能家居关键技术 / 王欢，谢寒，李晓龙主编.

北京：北京理工大学出版社，2025.1.

ISBN 978-7-5763-4780-7

Ⅰ . TU241-39

中国国家版本馆 CIP 数据核字第 2025WH4006 号

责任编辑：武丽娟　　　文案编辑：武丽娟
责任校对：刘亚男　　　责任印制：王美丽

出版发行 / 北京理工大学出版社有限责任公司

社　　址 / 北京市丰台区四合庄路 6 号

邮　　编 / 100070

电　　话 / （010）68914026（教材售后服务热线）

　　　　　 （010）63726648（课件资源服务热线）

网　　址 / http：//www.bitpress.com.cn

版 印 次 / 2025 年 1 月第 1 版第 1 次印刷

印　　刷 / 河北鑫彩博图印刷有限公司

开　　本 / 787 mm×1092 mm　1/16

印　　张 / 13

字　　数 / 309 千字

定　　价 / 85.00 元

当前，随着物联网、云计算、5G、大数据和人工智能等新一代信息技术的蓬勃发展，在国家产业政策的大力支持下及产业界对商业应用的持续探索中，智能家居产业迎来了跨越式发展机遇。行业已从以智能单品设备为主的1.0阶段、以场景多元化为主的2.0阶段，演进到如今基本实现设备互联互通与场景自动化的3.0阶段。展望未来，智能家居将朝着数据与服务深度融合的方向发展，致力于构建具备全场景决策与执行能力的智能化系统，实现整体服务水平的质的飞跃。在此背景下，编写符合新时代智能家居人才培养需求的新形态教材显得尤为迫切。

本书立足智能家居产业发展前沿，系统剖析了智能家居的功能特点、系统架构、关键技术及功能子系统。基于智能家居设计师岗位的典型工作任务，以真实工程项目为载体，创新性地构建了"任务信息-任务目标-任务工单-知识链接-课后练习-拓展知识"的六维教学体系，打造以学习者为中心的教学环境。各项目均设有明确的知识目标、能力目标、素养目标和思政目标，注重培养学习者的综合素质。

本书具有以下显著特色：

（1）产教深度融合：严格对接职业标准和岗位要求，及时吸纳行业新工艺、新技术、新规范。

（2）实践导向突出：引入大量真实工作案例和典型项目，强化工程应用能力培养。

（3）教学资源丰富：配套省级精品在线课程（智慧职教ICVE MOOC平台），实现线上线下混合式教学。

（4）内容与时俱进：全面涵盖智能家居领域最新技术发展和行业应用实践。

本书由襄阳职业技术学院王欢、谢寒、李晓龙担任主编，湖北省工业建筑学校张孝聪、湖北优七物联科技有限公司梁菱菱、襄阳职业技术学院陈庆豪、新疆建设职业技术学院张军、深圳职业技术大学贾晓宝担任副主编。全书分为7个项目，项目1由张军、贾晓宝负责，项目2由梁菱菱负责，项目3由陈庆豪负责，项目4由王欢负责，项目5由李晓龙负责，项目6由张孝聪负责，项目7由谢寒负责。本书由王欢统稿，孙莉、谢寒审核稿件。

本书的编写得到了广州河东科技有限公司彭振文、黎启聪、张良等技术专家，以及Aqara Home全屋智能服务商杨圈圈等行业实践者的鼎力支持，他们为教材提供了宝贵的项目案例和技术指导。同时，编者参考了大量国内外相关文献和技术资料，在此向所有为本书编写做出贡献的人士表示诚挚感谢。

由于编者水平有限，书中难免存在不妥之处，恳请广大读者和专家批评指正，以便在后续修订中不断完善。

编　者

Contents

目　录

项目 1　走进智能家居

项目描述 >>>

　　未来已来，生活因智能而美好。在科技日新月异的今天，人们的生活正在经历一场由智能家居引领的革命。智能家居将各种智能设备、系统和服务与人们的生活融为一体。从智能照明、智能安防到智能环境监测、智能家电控制，再到智能窗帘、智能音乐系统等，它们以人性化的方式满足着人们的各种需求。无论是清晨自动调节的室内光线，还是深夜为人们调节的适宜温度，或是根据人们的习惯自动调节的音响和窗帘，它让家成为人们生活中最智慧、最舒适、最安全的空间，为人们带来前所未有的便捷与舒适。

　　随着5G、物联网、云计算等前沿技术的普及，智能家居已经从遥不可及的未来概念，转变为人们触手可及的生活方式。它不仅带来了前所未有的便利，更在悄然改变着人们的生活品质，让家成为真正意义上的智慧空间。

　　通过本项目的学习，将了解智能家居系统的起源与发展，掌握智能家居系统的功能及特点。

知识链接导图 >>>

```
                              ┌──────────────────────┐
                              │  智能家居的起源与发展   │
                              └──────────────────────┘
┌──────────────┐
│  走进智能家居   │──────────┤
└──────────────┘
                              ┌──────────────────────┐
                              │ 智能家居系统的功能及特点 │
                              └──────────────────────┘
```

任务 1.1 智能家居的起源与发展

 **任务信息**

【任务说明】

本任务主要学习智能家居的概念、起源、发展历程及未来的发展趋势,了解什么是智能家居,熟悉智能家居的起源与发展,培养对智能家居的兴趣,并对智能家居未来的发展充满期盼。

【任务目标】

知识目标:

(1)了解智能家居的概念;

(2)熟悉智能家居的发展历程;

(3)预测智能家居的发展趋势。

能力目标:

(1)能描述智能家居的概念;

(2)能叙述智能家居的发展历程;

(3)能叙述智能家居的发展趋势。

素养目标:

(1)具有良好的倾听能力,能有效获取各种资讯;

(2)能快速接收新知识,并对新知识感兴趣。

思政目标:

(1)激发好奇心和探索精神;

(2)拓宽科技视野和认知能力。

【建议学时】

2~4 学时。

【思维导图】

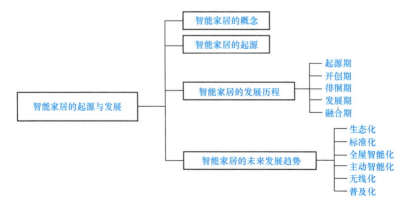

任务工单

任务名称		智能家居的起源与发展		
学生姓名		班级	学号	
同组成员				
实训地点		智能家居体验厅		
任务研究	任务介绍	教师带领学生进入智能家居体验厅，有序参观并深度体验智能家居的各种应用场景及设备，查阅资料熟悉智能家居的发展历程		
	任务目标	1.了解智能家居的概念； 2.了解智能家居的起源和发展历程； 3.讲述智能家居未来的发展趋势		
	任务分工	分组讨论，然后独立完成任务		
任务实施	实施步骤	1.课前学习。课前查阅、浏览智能家居相关资料，预习本任务知识点内容。 2.现场体验。参观智能家居体验厅，认真听取教师讲解的内容。 3.问题及疑惑记录。记录现场观察中的问题及疑惑，并现场讨论		
	提交成果	制作智能家居体验短视频		

	评价内容	分值	自我评价	小组评价	教师评价
任务评价	按时完成实训任务，服从安排管理	15			
	小组成员分工明确，组员参与度高	20			
	现场记录清晰、详细	15			
	成果提交质量好	50			
	合计				

1.1.1 智能家居的概念

智能家居(Smart Home，Home Automation)是以住宅为平台，利用综合布线技术、网络通信技术、安全防范技术、自动控制技术、音视频技术将家居生活有关的设施集成，构建高效的住宅设施与家庭日常事务的管理系统，提升家居的安全性、便利性、舒适性、艺术性，并实现环保节能的居住环境。其概念如图 1-1 所示。

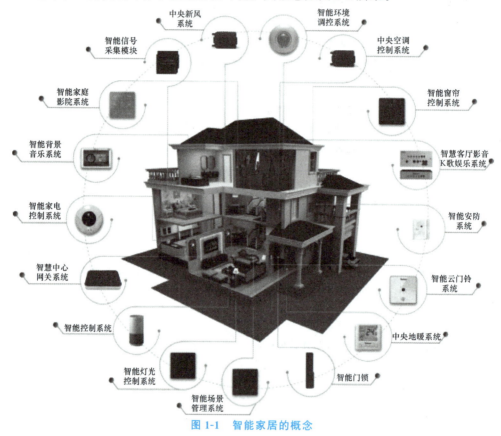

图 1-1　智能家居的概念

1.1.2 智能家居的起源

20 世纪 80 年代初，随着大量采用电子技术的家用电器面市，住宅电子化出现。20 世纪 80 年代中期，将家用电器、通信设备与安全防范设备各自独立的功能综合为一体后，形成了住宅自动化概念。20 世纪 80 年代末，通信与信息技术的发展，出现了通过总线技术对住宅中各种通信、家电、安防设备进行监控与管理的商用系统，在美国称为 Smart Home，也就是现在智能家居的原型。智能家居最初的定义是将家庭中各种与信息相关的通信设备、家用电器和家庭安防装置，通过家庭总线技术(Home Bus System，HBS)连接到一个家庭智能系统上进行集中的或异地的监视、控制和家庭事务性管理，并保持这些家庭设施与住宅环境的和谐与协调。

智能家居的概念起源很早，但一直没有具体的建筑案例出现。直到1984年，美国康涅狄格州哈特佛市将一幢旧金融大厦进行改造，定名为"都市办公大楼"（City Place Building）。美国联合技术建筑系统公司（United Technologies Building System Co.，UTBS）将建筑设备信息化、整合化概念应用于这幢大楼。采用计算机系统对大楼的空调、电梯、照明及防盗等设备进行监测和控制，并提供语音通信、文字处理、电子函件和资料检索等各种信息服务。这幢大楼被公认为是世界上第一座"智能建筑"，从此揭开了全世界争相建造智能家居的序幕。

智能家居以比尔·盖茨的豪宅最有代表性。比尔·盖茨在他的《未来之路》一书中以很大篇幅描绘他在华盛顿湖建造的私人豪宅。他描绘他的住宅是"由硅片和软件建成的"并且要"采纳不断变化的尖端技术"。经过7年的建造，1997年，比尔·盖茨的豪宅终于建成。他的这个豪宅完全按照智能住宅的概念建造，不仅具备高速上网的专线，所有的门窗、灯具、电器都能够通过计算机控制，而且有一个高性能的服务器作为管理整个系统的后台（图1-2）。

图 1-2　比尔·盖茨的豪宅

1.1.3　智能家居的发展历程

智能家居的发展历程可以分为以下几个阶段。

1. 起源期（1994—1999年）

这一时期是智能家居在中国的第一个发展阶段，整个行业还处在一个概念熟悉、产品认知的阶段，这时还没有出现专业的智能家居生产厂商。同时，智能家居属于智能建筑电气行业的细分市场，主要应用于大型建筑领域。

2. 开创期（2000—2005年）

国内先后成立了50多家智能家居研发生产企业，主要集中在深圳、上海、天津、北京、杭州、厦门等地。智能家居的市场营销、技术培训体系逐渐完善起来。欧美智能化定制安装品牌通过代理与国内经销商渠道零星进入国内市场。

3. 徘徊期（2006—2010年）

由于上一阶段智能家居企业的野蛮成长和恶性竞争，给智能家居行业带来了极大的负面影响。许多企业倒闭或转行，而存活下来的企业也逐渐找到了自己的发展方向。孕育细分市场赛道，智能开关、智能窗帘、智能灯控、背景音乐、智能中控等子系统落地应用，同时家电、可视对讲、电气类相关细分领域巨头参与竞争，着力延伸智能家居新业务板块。

4. 发展期(2011—2020年)

进入这个阶段，市场明显看到了增长的势头。随着技术的发展，智能家居协议与技术标准开始主动互通和融合，各种协议模块、云平台企业应运而生，智能家居企业进入快速增长期。互联网、手机等企业开始搭建平台式连接生态圈。

5. 融合期(2021年至今)

随着人工智能、大数据、5G、云计算等各类高端技术的出现，智能家居更是走入快车道，融入这些技术指日可待，由被动转为主动，让智能家居产品有了"会思考""能决策"的大脑，实现真正的人机交互体验，语音交互代替传统的App与触摸控制逐步实现自我学习与控制，视觉处理与手势识别将成为智能家居更强大的交互能力，并通过收集、分析用户行为数据为用户提供个性化的生活服务，使家居生活安全、舒适、节能、高效、便捷。

1.1.4 智能家居的未来发展趋势

基于广阔的市场空间，5G、IoT、AI等技术快速迭代，新基建的政策红利以及新消费形势的需求，智能家居产业发展提速。下面让我们一起来探索智能家居未来发展趋势。

1. 生态化

智能家居在其发展过程中，行业标准还未实现统一。智能家居厂商各自为阵，不同厂商设备很难实现完全对接。全屋智能家居想要实现最佳的体验效果，就必须做到应连尽连，全屋智能系统需要与家电、影音、照明、遮阳、安防等生态产品打通，做生态连接才有价值，最终实现行业产品的大互联与大互通，推动产业发展走向一体化和标准化，实现产业发展的真正成熟。目前包括以米家、华为、阿里、百度、苹果HomeKit等为首的智能家居生态圈逐步形成。

2. 标准化

(1)智能家居行业技术的标准化。智能家居作为新兴行业，在标准化方面存在许多问题。首先，智能家居市场缺少统一标准，不同品牌之间的产品无法实现互相兼容；其次，不同品牌的产品之间存在着各种协议差异，导致使用上的不便和不稳定。目前，行业相关的各品牌、厂家、协会、组织等正在积极参与行业标准制定，促进智能家居产业的规范化发展。

(2)智能家居套餐的标准化。对很多用户来说，安装智能家居时最大的难题是"不知道装什么"，机智的智能家居品牌考虑到这点，并提前帮助用户做好选择，例如，120 m² 三室两厅装A套餐；300 m² 洋房装B套餐；500 m² 别墅装C套餐。未来选择智能家居，智能家装设计师会大概率推荐"标准化"套餐，户型不同，对应的套餐产品也不同，对于不了解智能家居和有选择恐惧症的用户，就能节省时间、提升效率，快速找到匹配自身需求的产品。

3. 全屋智能化

一个音箱、一个手机App就可以称为智能家居的时代已经过去，模糊的行业市场将逐渐被行业龙头品牌重新洗牌，"全屋智能"成为真假智能家居的重要判断标准，越来越多的用户对全屋智能家居、智能家居子系统、智能单品三者的区别有了更深的认知。全屋智能在产品丰富度、智能化水平、系统稳定性、产品体验感等多方面的优势，全面碾压智能子系统、智能单品，而全屋智能给用户带来的将是前所未有的智慧居家体验。

4. 主动智能化

在现有语音、触屏、手机 App 控制的基础上，全屋智能家居最理想的状态就是主动智能化、无感控制化。人工智能及大模型成为核心，为智能家居带来更加智能化的控制和更加精准的服务。当环境、场景发生变化，可以对应联动主动智能进行操作。例如，智能环境监测系统，当监测到家里的甲醛超标时，自动发送报警信号到用户手机，并主动治理，联动开窗通风或开启新风系统，始终保持最优居家环境。人工智能技术的发展，让主动智能变为现实，主动智能带给用户的是无感的超级智慧居家生活，能更加自然地融入家庭，给用户"虽不时时记起，但无处不在"的感觉。

5. 无线化

智能家居的有线、无线之争由来已久，有线的优点是稳定性强，但相应的施工成本高，扩容难度大。随着 5G 时代的到来及无线协议技术的发展，有线相对于无线的稳定性优势正在减弱，未来无线更多地应用于家庭用户，有线应用于别墅、场馆等大型建筑，两者各自发挥自身优势，相辅相成。

6. 普及化

随着智能家居生态化发展，方便、实用、节能、安全等特点逐步得到消费者认可，全屋智能家居逐渐成为家庭装修的标配。智慧生活、健康生活、安全生活、隐私保护、绿色环保成为重要关注点，智能家居将普及到各家各户。

接下来的 5~10 年，将是智能家居行业快速发展的时期，由于住宅家庭成为各行业争夺的焦点市场，智能家居作为一个承接平台成为各方力量首先争夺的目标。未来智能家居的控制的目的是实现自动化、无感化。智能家居的控制系统将更加集成化和综合化，不同厂商的产品和服务将更加兼容和配合。同时，智能家居的控制系统将更加安全和可靠，保障用户的数据安全和隐私。

 课后练习

问答题

(1)什么是智能家居？

(2)智能家居的发展历程经历了哪些阶段？

(3)智能家居的未来发展趋势有哪些？

 拓展知识

资源名称	智能家居的起源与发展	智能家居系统结构	智能家居的关键技术
资源类型	视频	视频	视频
资源二维码			

任务1.2　智能家居系统的功能及特点

 **任务信息**

【任务说明】

本任务主要学习智能家居有哪些子系统，这些子系统有什么功能，以及智能家居的特点。了解智能家居的功能及特点，提升对智能家居的兴趣，为后续深入学习奠定基础。

【任务目标】

知识目标：

(1)掌握智能家居的子系统分类；

(2)掌握智能家居的子系统功能；

(3)熟悉智能家居系统的特点。

能力目标：

(1)能描述智能家居有哪些子系统；

(2)能描述智能家居子系统的功能；

(3)能叙述智能家居系统的特点。

素养目标：

(1)增强知识的归纳与总结能力；

(2)培养"干一行、爱一行、专一行、精一行"的敬业精神。

思政目标：

(1)培养严谨的工作态度；

(2)培养绿色环保意识。

【建议学时】

2～4 学时。

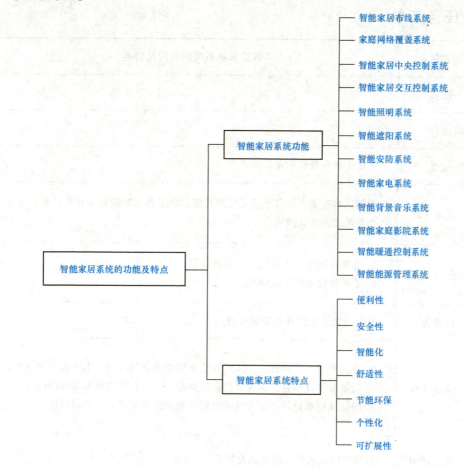

智能家居系统的功能及特点

智能家居系统功能
- 智能家居布线系统
- 家庭网络覆盖系统
- 智能家居中央控制系统
- 智能家居交互控制系统
- 智能照明系统
- 智能遮阳系统
- 智能安防系统
- 智能家电系统
- 智能背景音乐系统
- 智能家庭影院系统
- 智能暖通控制系统
- 智能能源管理系统

智能家居系统特点
- 便利性
- 安全性
- 智能化
- 舒适性
- 节能环保
- 个性化
- 可扩展性

📖 任务工单

任务名称	智能家居系统的功能及特点			
学生姓名		班级	学号	
同组成员				
实训地点	多媒体教室及智能家居体验厅			

<table>
<tr><td rowspan="3">任务研究</td><td>任务介绍</td><td colspan="3">教师讲解智能家居各个子系统的功能，学生参观智能家居相关设备，并体验各个子系统的功能演示</td></tr>
<tr><td>任务目标</td><td colspan="3">1. 掌握智能家居子系统的分类及功能；
2. 了解智能家居系统特点</td></tr>
<tr><td>任务分工</td><td colspan="3">分组讨论，然后独立完成任务</td></tr>
<tr><td rowspan="2">任务实施</td><td>实施步骤</td><td colspan="3">1. 课前学习。课前查阅、浏览智能家居相关资料，预习本任务知识点内容。
2. 现场教学及体验。参观智能家居体验厅，认真听取教师讲解的内容。
3. 问题及疑惑记录。记录现场观察中的问题及疑惑，并现场讨论</td></tr>
<tr><td>提交成果</td><td colspan="3">总结智能家居系统的功能及特点</td></tr>
<tr><td rowspan="6">任务评价</td><td>评价内容</td><td>分值</td><td>自我评价</td><td>小组评价</td><td>教师评价</td></tr>
<tr><td>按时完成实训任务，
服从安排管理</td><td>15</td><td></td><td></td><td></td></tr>
<tr><td>小组成员分工明确，
组员参与度高</td><td>20</td><td></td><td></td><td></td></tr>
<tr><td>现场记录清晰、详细</td><td>15</td><td></td><td></td><td></td></tr>
<tr><td>成果提交质量好</td><td>50</td><td></td><td></td><td></td></tr>
<tr><td colspan="2">合计</td><td></td><td></td><td></td></tr>
</table>

 **知识链接**

1.2.1　智能家居系统功能

智能家居系统属于综合性系统，功能多样化，包含家庭中各种强弱电设备，并非标准的子系统划分。从当前行业应用总结出以下几种具有代表性的子系统(图1-3)。

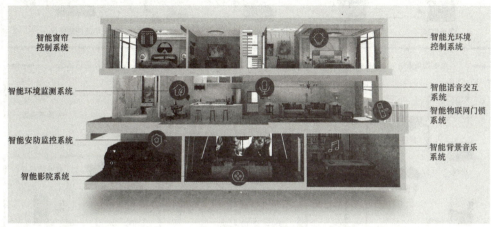

图1-3　智能家居子系统

1. 智能家居布线系统

智能家居布线系统是一个小型的综合布线系统，从功用来讲它是一个能支持语音、数据、多媒体、家庭自动化、保安等多种应用的强弱电传输通道，是智能家居系统的基础。它可以作为一个完善的智能小区综合布线系统的一部分，也可以完全独立成为一套综合布线系统。智能家居布线系统如图1-4所示。

2. 家庭网络覆盖系统

家庭网络覆盖系统是将Internet(因特网)、IPTV(网络电视)及电话网接入家庭，通过规划线路，覆盖在家庭对应的空间。例如，因特网接入家庭后，可实行有线和无线两种覆盖方式。有线网络可供台式计算机、笔记本计算机、智能家居网关、电视、监控主机、影院播放器等设备使用；无线网络可供手机、平板电脑、Wi-Fi家电、智能家居等设备使用。如需观看IPTV，则需从光猫处通过网线连接至电视。家庭网络覆盖系统如图1-5所示。

3. 智能家居中央控制系统

智能家居中央控制系统是整个智能家居系统的大脑、神经中枢，各个品牌叫法不同。其一般由服务器、网关等构成，支持多个有线及无线通信协议。它既接收信号，兼容各种不同设备于一个系统；又发送指令，指挥各个系统设备智能化的工作及联动。智能家居中央控制系统如图1-6所示。

4. 智能家居交互控制系统

智能家居交互控制方式有近距离的触控，如智能开关、场景面板、中控屏、遥控器等；中距离的语音、手势，如语音音箱、带语音的中控屏等；不受距离限制的手机App等多种方式，这些交互控制方式是基于人的主动控制。当然也有基于温度、湿度、光照、雨水、声音、压力、人体、门磁、烟雾、燃气等传感器的联动控制。智能家居交互控制系统如图1-7所示。

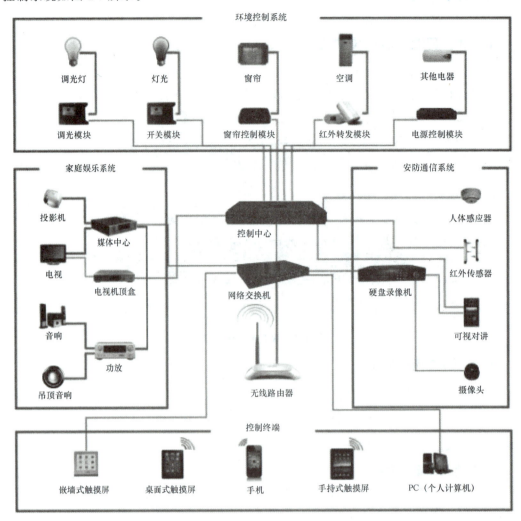

图 1-4　智能家居布线系统

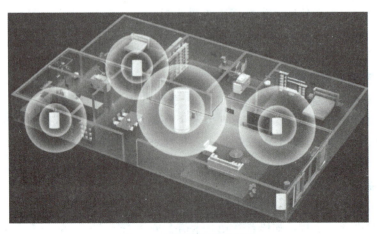

图 1-5　家庭网络覆盖系统

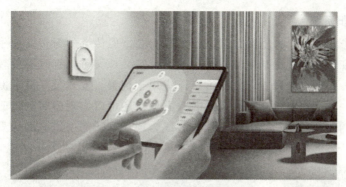

图1-6 智能家居中央控制系统

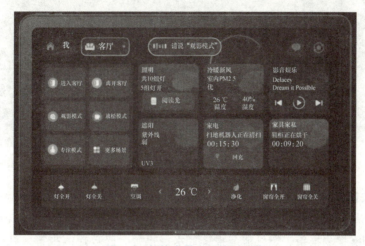

图1-7 智能家居交互控制系统

5. 智能照明系统

照明是居家生活的基础需求，随着人们对美好生活追求的日益增长，关于灯光的需求已经不仅仅停留在亮度和开关层面。智能照明系统使人们和光源的交互方式便捷化，包括对亮度、色温、角度、焦距调整等光的存在形式的控制，还包括解决护眼、防眩目等健康方面的问题，以及更多节约能源、感应自动化等功能，可以一键使全屋灯光打开或关闭，更重要的是可根据需要设置更多场景联动，呈现最舒适的照明效果。智能照明系统如图1-8所示。

图1-8 智能照明系统

6. 智能遮阳系统

窗帘有保护业主的个人隐私及遮阳挡尘等功能，但传统的窗帘需要手动去开合，每天早开晚合挺麻烦，特别是别墅或复式房的大窗帘又长又重，有时需要较大的力才能开合，很不方便。而近年来智能电动窗帘广泛应用于别墅、复式及平层家庭，只要语音或者遥控器轻按一下，窗帘就自动开合，非常方便，还可以实现窗帘的定时开关、场景控制等更多高级的窗帘控制功能，真正让窗帘成为现代家居的一道亮丽风景线。智能遮阳系统如图1-9所示。

图1-9　智能遮阳系统

7. 智能安防系统

安防在家居生活中具有非常重要的作用。智能安防系统包括智能门锁、可视门铃、视频监控、烟雾探测报警、燃气泄漏报警、水浸报警、碎玻探测报警、红外微波探测报警、紧急按钮等。安防系统可以及时发现煤气泄漏、火灾、漏水等情况并通知主人，并联动关闭电动水阀、电动气阀，开窗通风，最后关闭电源总闸等操作。视频监控系统可以通过摄像机对陌生人进行警告、驱离，有效阻止陌生人入侵，也可以在事后取证给警方提供有利证据。智能安防系统如图1-10所示。

图1-10　智能安防系统

8. 智能家电系统

智能家电系统可以通过语音、遥控或定时等多种方式实现对家里的电视机、洗衣机、晾衣架、饮水机、扫地机、油烟机、换气扇等进行智能控制，大大提升了居家生活的方便性和快捷性。智能家电系统如图1-11所示。

图 1-11 智能家电系统

9. 智能背景音乐系统

音乐是流动的雕塑，将背景音乐融入家庭环境，让家中的每个房间、每个角落都能随时听到美妙的音乐。音乐能够掩盖外界和内心的噪声，营造幽静、浪漫、惬意、温馨的气氛。家中随处飘扬着优美的旋律，让音乐伴随生活的左右，可以塑造气质，提升品位，陶冶情操，营造浪漫温馨、轻松愉悦的家庭生活环境。智能背景音乐系统如图1-12所示。

图 1-12 智能背景音乐系统

10. 智能家庭影院系统

智能家庭影院是指在传统的家庭影院的基础上加入智能家居控制功能，把家庭影音室内所有影音设备(功放、音响、播放机、投影机、投影幕)及影院环境设备(空调、地暖、电动窗帘)巧妙且完整的整体智能控制起来，创造更舒适、更便捷、更智能的家庭影院视听与娱乐环境，以达到最佳的观影、听音乐、游戏娱乐的视听效果。通过智能控制，只要一键就可以实现影院、音乐、游戏等各种情景控制模式快速进入与自由切换，以节省单独手动控制每个影音设备与环境控制设备的开关与调节时间，让观者直接以最智能与快捷的方式达到想要的娱乐内容。智能家庭影院系统如图1-13所示。

图 1-13　智能家庭影院系统

11. 智能暖通控制系统

智能暖通控制系统是指在传统的家庭中央空调、中央采暖、新风系统的基础上加入智能化控制功能，可远程、定时控制家中温度、湿度，并可联动温湿度传感器、空气质量检测仪等，保证室内恒温、恒湿、恒氧、洁净，创造舒适、健康的居家环境。智能暖通控制系统如图 1-14 所示。

图 1-14　智能暖通控制系统

12. 智能能源管理系统

智能能源管理系统能够实时监测和控制能源使用情况，包括用水、用电、用气等。这使业主能够识别其能源消耗的模式和趋势，从而使他们能够就如何优化能源使用做出明智的决定。例如，智能恒温器可以了解业主的日程安排和偏好，相应地调整温度以最大限度地减少能源浪费。同样，智能照明系统可以在房间无人时关闭，确保能源不会浪费在不必要的照明上。智能能源管理系统如图 1-15 所示。

图 1-15　智能能源管理系统

除以上几种常见的智能家居子系统外，还包括智能灌溉系统、智能养宠、智能衣柜、智能书桌、智能晾衣架、智能魔镜、智能马桶等。各种智能化系统和产品打造出便捷、舒适、健康、节能的智能生活体验。

1.2.2　智能家居系统特点

随着智能家居生态的不断完善，智能家居设备也更加丰富，安装智能家居成为现代家庭的新趋势。智能家居系统具有以下特点。

1. 便利性

智能家居系统将智能设备和系统联网连接，使人们可以通过语音、手机、平板电脑等终端设备，随时随地控制家中的各种设备。无论是调节灯光、温度、窗帘，还是打开电视、音乐等，只需轻轻一点，即可实现远程控制，让生活更加便捷。

2. 安全性

智能家居通过智能安防系统、智能门锁等设备，提供了更加全面和智能的安全保障。例如，智能安防系统可以实时监控家中的情况，发现异常行为并及时报警；智能门锁可以通过密码、指纹等方式，实现安全的门禁控制，防止陌生人进入。

3. 智能化

通过人工智能技术的应用，智能家居可以学习和理解用户的习惯和需求，自动调节设备的使用和运行。例如，智能空调可以根据用户的习惯，自动调整温度、湿度等参数，提供更加舒适的环境；智能照明系统可以根据当前环境的亮度，明确照明设备是否打开或者关闭，调节照明设备明暗程度及色温；智能安防系统可以通过人脸识别技术，自动识别家庭成员和陌生人，确保家庭的安全。

4. 舒适性

智能环境监测系统能够自动调节家中的温度、湿度，通过空气质量传感器调节新风系统，保持空气新鲜。在这种环境下，背景音乐缓缓响起，人们可以看书、品茶，体验舒适、惬意的智能生活。

5. 节能环保

智能家居通过智能控制和优化设备的使用，可以降低能源的消耗，实现节能环保。

例如，智能照明系统可以根据光线情况和人员活动，自动调节灯光的亮度和开关状态，减少能源的浪费；智能家电可以通过智能控制和优化，在合适的时间关机或者低功耗运行，减少能源的浪费。

6. 个性化

智能家居通过学习用户的习惯和需求，提供个性化的服务和体验。例如，家庭中不同成员回家，系统可以根据不同成员的习惯，执行不同的场景。智能音箱可以根据用户的音乐喜好，为其推荐相应的音乐；智能电视可以根据用户的观看记录，为其个性化推荐节目和电影。

7. 可扩展性

智能家居系统的设备非常多，用户可以根据自身需求，增加或减少智能设备，并不会影响整个系统的正常运行。

智能家居系统具有便利性、安全性、智能化、舒适性、节能环保、个性化、可扩展性等特点。智能家居的出现，不仅改变了人们的生活方式，提高了生活品质，还对能源的消耗和环境保护起到积极的作用。随着科技的不断进步，智能家居将会在未来的家庭生活中扮演更加重要的角色。

 **课后练习**

问答题

(1)智能家居系统的功能有哪些？

(2)智能家居系统具有哪些特点？

(3)描述在生活中还有哪些智能家居子系统。

项目 2　智能家居系统架构及常用协议

项目描述 >>>

　　随着科技的不断进步，智能家居技术正逐渐渗透到人们的生活中，让我们的家变得更智能、更温馨。智能家居到底是如何运行的，其中采用了哪些技术，对于初学者而言至关重要。本项目从智能家居系统架构和常用协议展开学习。

　　智能家居系统架构是智能家居系统的设计蓝图，它决定了各种设备和系统如何互相连接和协作的方式，从而实现智能化的家居控制。

　　智能家居技术旨在通过通信、物联网、人工智能和自动化等技术手段，将家居设备和系统连接在一起，实现更智能、更高效、更便捷的居家体验。

　　通过本项目的学习，学习者将了解智能家居系统架构及常用协议，为后续的智能家居子系统的学习打下基础。

知识链接导图 >>>

```
                              ┌─────────────────────┐
                              │   智能家居系统架构      │
         ┌──────────────┐─────┤                     │
         │ 智能家居系统     │     └─────────────────────┘
         │ 架构及常用协议   │
         │              │─────┌─────────────────────┐
         └──────────────┘     │   智能家居常用协议      │
                              └─────────────────────┘
```

任务 2.1　智能家居系统架构

任务信息

【任务说明】

本任务主要学习智能家居的系统架构。了解不同架构的优点和缺点，从宏观概念上理解智能家居的工作原理和系统运行机制。

【任务目标】

知识目标：

（1）理解智能家居的系统架构；

（2）掌握无线、总线及 PLC-IoT 智能家居系统的优点和缺点。

能力目标：

（1）能描述智能家居的组成部分及功能；

（2）能总结出无线、总线及 PLC-IoT 智能家居系统的优点和缺点。

素养目标：

（1）具有良好的倾听能力，能有效获取各种资讯；

（2）能快速接收新知识，并对新知识加以总结。

思政目标：

（1）培养科学精神与科学思维；

（2）拓展知识视野与科技认知能力。

【建议学时】

2～4 学时。

【思维导图】

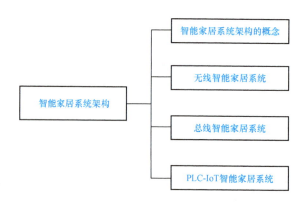

任务工单

任务名称		智能家居系统架构			
学生姓名			班级		学号	
同组成员					
实训地点		多媒体教室及智能家居体验厅			
任务研究	任务介绍	教师在多媒体教室讲解智能家居系统架构理论知识，并在智能家居体验厅以实物参考，讲解不同系统架构的组成			
	任务目标	1. 了解智能家居三种不同的系统架构； 2. 了解智能家居三种系统架构的组成原理及通信方式			
	任务分工	分组讨论，然后独立完成任务			
任务实施	实施步骤	1. 课前学习。课前查阅、浏览智能家居相关资料，预习本任务知识点内容。 2. 现场理论及体验厅参观学习。教师在多媒体教室讲解智能家居系统架构理论知识，学生做好笔记，并在智能家居体验厅参观查看不同系统架构的设备组成及连接。 3. 问题及疑惑记录。记录现场观察中的问题及疑惑，并现场讨论			
	提交成果	1. 画出无线、总线及 PLC-IoT 智能家居系统图； 2. 总结智能家居无线、总线及 PLC-IoT 系统的优点和缺点			
任务评价	评价内容	分值	自我评价	小组评价	教师评价
	按时完成实训任务，服从安排管理	15			
	小组成员分工明确，组员参与度高	20			
	现场记录清晰、详细	15			
	成果提交质量好	50			
	合计				

2.1.1 智能家居系统架构的概念

智能家居系统架构是指由各种硬件、软件和网络组件组成的，用于实现智能家居设施智能化、自动化和网络化的系统架构（图2-1）。

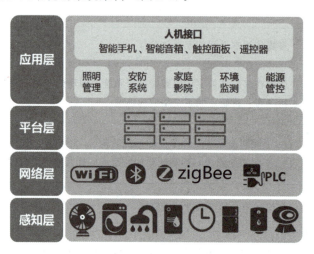

图 2-1 智能家居系统架构

智能家居系统架构基于物联网（Internet of Things，IoT）技术构建，包括感知层、网络层、平台层和应用层。各层次之间既相互独立，又可通过标准接口和协议进行通信和数据交互。

（1）感知层：是智能家居系统的基础，由各种传感器和执行器组成，用于监测和控制家居环境中的各种参数，如温度、湿度、光照、烟雾等。

传感器和执行器通过有线通信技术（如 KNX、RS485、CAN 等）、无线通信技术（如 ZigBee、Wi-Fi、蓝牙等）或者电力线通信技术（PLC）将数据传输到接入层，同时接收来自接入层的控制指令，实现家居设备的智能化控制。

（2）网络层：是智能家居系统的重要组件之一，负责连接感知层和平台层，实现数据交互和远程控制。网络层主要由网关、路由器等网络设备组成，支持多种通信协议和数据格式，能够将传感器和执行器的数据传输至平台层，同时接收来自平台层的控制指令，对家居设备进行实时控制和监测。

（3）平台层：是智能家居系统的核心，负责数据处理、存储和管理，为应用层提供统一、标准化的接口和协议。平台层主要由云平台、本地网关等组成，能够处理来自接入层的数据，对数据进行解析、处理和存储，同时通过应用程序接口（Application Program Interface，API）和协议与上层应用进行数据交互，实现家居设备的集中管理和控制。

（4）应用层：是智能家居系统的最上层，负责为用户提供界面和交互方式，用于管理和控制家居设备。应用层包括各种智能家居 App、智能音箱、智能面板等用户界面和设备，用户可以通过这些应用对家居设备进行远程控制、定时任务设置等操作，提高家居生活的便利性和智能化程度。

学习智能家居系统架构，不仅能够帮助学习者掌握最新的科技动态和发展趋势，满足其对科技的探索和探知欲，还能激发学习者对智能家居的创新思维和创造能力。

2.1.2 无线智能家居系统

无线智能家居系统是一种运用现代通信技术、传感技术、无线网络技术等，将家居照明、安防、环境控制、节能等系统集成，实现家居安全、舒适、节能、便捷的生活方式的系统（图 2-2）。

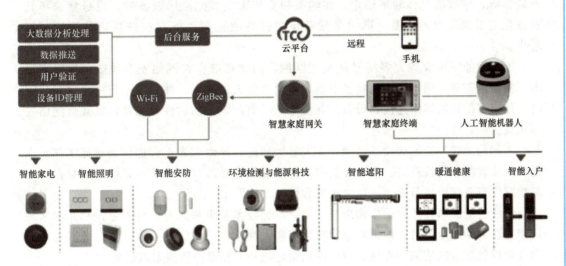

图 2-2 无线智能家居系统

相较于传统家居，无线智能家居具有无须线路布线、模块化组件、低成本高效率、灵活扩展、方便升级、维护简单等优势。它可以帮助人们更轻松地管理家庭日常生活中的各种设备和系统，提高生活质量。

无线智能家居系统由控制中心、传感器、执行器、无线通信技术和云平台组成。控制中心是整个智能家居系统的核心，负责与其他设备进行通信和控制，常见的如智能音箱、智能手机、平板电脑等。传感器负责监测环境参数（如温度、湿度、光照等）及家庭成员的行为活动，并将数据传输至控制中心。执行器负责接收控制中心的指令，并执行相应的操作，如打开灯光、调节温度等。无线通信技术是实现智能家居系统的关键，包括 ZigBee、Wi-Fi、蓝牙等。这些技术使设备之间可以相互通信并进行信息交换。云平台是智能家居系统的数据存储和分析中心，不仅可以提供远程控制和监控家庭设备的功能，还能记录和分析用户的使用习惯和行为，为家庭成员提供更加个性化的服务。

1. 无线智能家居系统的优点

（1）采用 ZigBee、蓝牙、红外等无线通信技术，具有低功耗、低成本、低传输速率、自组网等特性，采用 Wi-Fi 具有高速传输速率和互联网接入。

（2）线路简单，不需要进行烦琐的布线，仅需在原有传统家装布线的基础上修改少量必要的电源线和网线，即可使线路简洁、美观。

（3）采用网关主导、模块化设备、分布式安装的方式，可以实现设备快速安装，节约安装成本和时间。

（4）采用 App 图像化界面调试，操作简便，支持移动设备远程操控。

（5）具有灵活可扩展的特点，可以方便地添加或删除设备，无需对整个系统进行重新布线和调试，且不影响系统正常运行。

（6）升级和维护简单，当有新的设备和系统更新时，用户只需在线更新，无须请专业人员到场维护。

2. 无线智能家居系统的缺点

家居环境常见的干扰源较多，如杂乱的家具、墙壁、金属装饰等都会对信号产生不良影响，导致信号传输不稳定。在购买和安装无线智能家居设备时，应尽量选择具有较强抗干扰能力的设备，同时尽量避免将设备放置在可能存在较强信号干扰的环境中。

无线智能家居设备大多需要连接互联网，因此可能存在网络安全风险，如黑客攻击、数据泄露等。用户应该为智能家居设备设置强大的密码，并定期进行密码更新。同时，使用受信任的网络连接和设备，并注意及时更新设备的软件和固件，以降低网络安全风险。

不同的无线智能家居设备可能存在兼容性问题，导致无法正常通信和协调工作。在购买无线智能家居设备时，应选择具有良好兼容性和品牌口碑的设备，同时尽量在同一品牌或生态系统中进行选择，以减少兼容性问题的发生。

无线智能家居设备的操作和维护需要一定的技术知识和能力，对于老人和儿童来说可能存在使用难度。可以购买具有简单易用和人性化设计的智能家居设备，或者为老人和儿童提供相应的培训和支持，帮助他们更好地使用和维护智能家居设备。

3. 如何克服无线智能家居的缺点

加强无线信号干扰的预防和应对能力，采用高性能无线传输技术，合理规划无线频段，避免相邻设备之间的信号干扰；同时，合理设置设备的信号功率，以避免信号过强或过弱。在信号较弱或受干扰的区域增加信号增强器或中继器，以扩大信号覆盖范围并提高信号质量。

提高网络安全等级，采用高级的加密技术以保护无线网络安全。通过设置访问控制策略，限制未授权设备的访问，以避免潜在的安全风险。定期更新设备软件和固件，以确保设备具有最新的安全补丁和功能。

采用统一的通信协议和标准，以便不同品牌、不同型号的设备能够相互兼容。制定设备兼容性规范，要求设备厂商遵循规范进行设备设计和生产，以确保设备之间的兼容性。建立设备兼容性测试机制，对市场上新推出的设备进行测试和认证，以确保其与现有设备的兼容性。

精简设备功能和界面设计，以降低设备的复杂程度，简化操作流程，方便用户使用。

2.1.3 总线智能家居系统

总线智能家居系统是指通过一条或多条通信总线，将家居设备连接起来，实现设备间信息交互和智能化控制的家居系统（图2-3）。

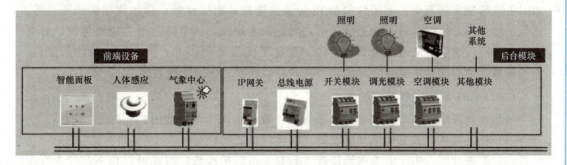

图 2-3 总线智能家居系统

总线智能家居系统以智能化、网络化、信息化为主要特点，通过各种通信协议和总线技术，实现对家居设备的远程控制、定时控制、联动控制等多种功能。

总线智能家居的架构采用"功能模块化"方式设计。将电源模块、网络模块、中央控制模块、继电器模块、调光模块、窗帘模块、安防模块、影音模块、暖通模块等集中安装在智能家居控制柜（箱）内，通过通信线与前端设备（如中控面板、开关面板、场景面板、窗帘电动机、智能灯具、安防探头、背景音乐喇叭、中央空调、新风主机等）进行连接，组成总线智能家居系统。

1. 总线智能家居系统的优点

（1）稳定性高，由于采用通信总线的方式进行数据传输，因此系统的稳定性较高，不易受到外部干扰的影响。

（2）易于维护，总线智能家居系统的控制器和设备之间的连接采用的是总线连接方式，因此一旦出现故障，可以快速定位故障位置并进行维修。

（3）扩展性强，总线智能家居系统采用开放式架构，可以方便地增加设备、扩展系统功能。

（4）安全性强，总线智能家居系统采用弱电控制强电，仅需超低电压，并且采用加密通信和认证机制，保证系统的安全性。

2. 总线智能家居系统的缺点

（1）总线智能家居系统需要在施工布线阶段布设大量电源及通信控制线路，因此布线较为复杂。

（2）对于已经装修好的房子来说，改造总线智能家居的难度很大，一般不愿意加入进来。

（3）相对于其他智能家居系统，总线智能家居系统的成本较高。

（4）需要专业技术人员设计整体系统的布局和结构，以及后续的安装、调试和维护，增加人力成本。

2.1.4　PLC-IoT智能家居系统

PLC-IoT智能家居系统以电力线通信（Power Line Communication，PLC）技术为基础，通过电力线实现对家居设备的互联互通，从而实现对家居环境的智能控制。PLC-IoT智能家居系统主要组件包括PLC通信模块、家居设备、移动终端和云平台等。这是一种介于总线技术和无线通信技术之间的技术路线，信号通过电力线路传输，有电的地方就可以通信，从通信可靠性上说，要优于无线通信技术。从部署方便的角度说，它的部署比纯有线系统要更为灵活，当然，灵活性要逊色于无线系统。

1. PLC-IoT智能家居系统的优点

（1）布线简单。PLC网随电通，易部署，复用电源线即插即用。

（2）稳定性高。独立回路加滤波器，保障设备之间稳定。

（3）扩展性强。由于电力线通信技术具有天然的扩展性，因此可以在不改变现有家居布线的情况下，实现对家居设备的快速扩展。

（4）节能环保。通过对家居设备的智能控制，实现能源的集中管理和优化配置，从而降低能源消耗，达到节能环保的目的。

（5）安全性高。由于使用的是加密通信技术，因此可以有效保护用户的隐私和家居安全。

2. PLC-IoT智能家居系统的缺点

（1）需要专业设计，尤其是线路规划及部署需要专业的技术人员实施；

（2）在家居环境中，变频器谐波、线缆和强电磁干扰最常见，而且电力线上的设备越多，干扰就会越复杂。因此需要极其有效的过滤技术。

课后练习

1. 填空题

（1）智能家居系统架构包括_____、_____、_____和_____四个层次。

（2）_____是智能家居系统的基础，由各种传感器和执行器组成，用于监测和控制家居环境中的各种参数。

（3）无线智能家居系统里的_____负责接收控制中心的指令，并执行相应的操作，如打开灯光、调节温度等。

（4）总线智能家居的架构采用_____方式设计，将不同功能的模块集中安装在智能家居控制柜里。

（5）_____是一种介于总线技术和无线通信技术之间的技术路线，信号通过电力线路传输。

2. 问答题

（1）什么是智能家居系统架构？

（2）智能家居系统架构有哪几类？

（3）无线智能家居系统的优点和缺点有哪些？

拓展知识

资源名称	智能家居系统构成	智能家居硬件设备	智能家居生态系统
资源类型	视频	视频	视频
资源二维码			

任务 2.2　智能家居常用协议

 **任务信息**

【任务说明】

本任务主要学习智能家居系统中的常用协议，以总线协议、无线协议及 PLC-IoT 协议为主要内容，通过学习，能够掌握智能家居系统中的总线协议、无线协议及 PLC-IoT 协议的特点及应用。

【任务目标】

知识目标：

（1）掌握智能家居系统工程中常用的总线协议；

（2）掌握智能家居系统工程中常用的无线协议；

（3）掌握智能家居系统工程中的 PLC-IoT 协议。

能力目标：

能根据实际场景完成对不同通信协议的应用和选择。

素养目标：

（1）具有良好的语言表达能力；

（2）培养团队合作意识；

（3）具备知识点的总结与应用能力。

思政目标：

（1）拓展知识视野和科技认知能力；

（2）培养创新意识和创新能力。

【建议学时】

2～4 学时。

【思维导图】

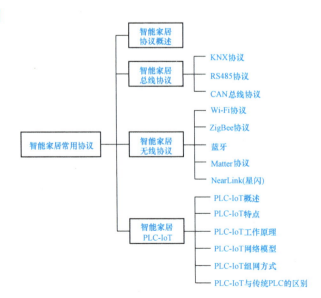

任务工单

任务名称	智能家居常用协议		
学生姓名		班级	学号
同组成员			
实训地点	智能家居多媒体教室		

<table>
<tr><td rowspan="4">任务研究</td><td>任务介绍</td><td colspan="3">教师讲解智能家居常用协议，学生掌握其特点及应用，并能够总结各种协议的优点和缺点</td></tr>
<tr><td>任务目标</td><td colspan="3">1. 掌握智能家居总线、无线及 PLC-IoT 协议的特点及应用；
2. 掌握智能家居总线、无线及 PLC-IoT 协议的优点和缺点</td></tr>
<tr><td>任务分工</td><td colspan="3">分组讨论，然后独立完成任务</td></tr>
</table>

<table>
<tr><td rowspan="2">任务实施</td><td>实施步骤</td><td colspan="3">1. 课前学习。课前查阅、浏览智能家居相关资料，预习本任务知识点内容。
2. 现场教学。认真听取教师讲解的内容。
3. 问题及疑惑记录。记录现场观察中的问题及疑惑，并现场讨论</td></tr>
<tr><td>提交成果</td><td colspan="3">1. 总结智能家居无线、总线及 PLC-IoT 协议的特点及应用；
2. 总结智能家居无线、总线及 PLC-IoT 协议的优点和缺点</td></tr>
</table>

任务评价	评价内容	分值	自我评价	小组评价	教师评价
	按时完成实训任务，服从安排管理	15			
	小组成员分工明确，组员参与度高	20			
	现场记录清晰、详细	15			
	成果提交质量好	50			
	合计				

2.2.1 智能家居协议概述

通信协议作为设备之间信号传输的规范，是设备沟通的语言。智能家居行业蓬勃发展至今，面临的最大问题就是协议不统一。尽管各大厂商和企业都希望能够尽快出现一个统一协议来改变如今的格局，但是这个问题在短时间内完成的可能性很小。即便如此，协议的发展仍在快速进行。目前，智能家居行业存在多种通信协议（连接技术），其中核心三大协议包括总线协议、无线协议及 PLC-IoT 协议。

（1）总线协议通过将强电和弱电分离，使系统不易受干扰，维持稳定状态。系统设置一个或多个接入点来统一接收信号，然后通过预先布置好的信号总线来传输控制信号。

（2）无线协议无须重新布线，通过设备之间的无线模块接收和发送信号，实现对无线智能设备的控制和管理。其安装方便，具备可拆分性功能，可以适应不同的环境需求。

（3）PLC-IoT 协议通常设有一个或多个直接接入强电的接入点，以交流强电作为载波传输控制信号。利用家庭内部现有的电力线传输控制信号，进而实现对该条线路上智能设备的控制和管理。

2.2.2 智能家居总线协议

1. KNX 协议

KNX（Konnex）协会成立于 1995 年，总部位于比利时的布鲁塞尔，由欧洲三大总线协议 EIB（欧洲安装总线）、BCI（BatiBus 国际俱乐部）和 EHSA（欧洲家用电器协会）合并而成，并提出了 KNX 协议。该协议现已成为国际标准 ISO/IEC 14543-3，并于 2007 年正式成为中国 HBES 国标 GB/Z 20965—2007（2013 年，又推出 GB/Z 20965—2013）。该系统通过一条总线将所有的元器件连接起来，每个元器件既可独立工作，又可通过中控计算机进行集中监视和控制。通过计算机编程，各元件既能独立完成（如开关、控制、监视等工作），又能根据需求进行不同组合，从而实现不增加元件数量功能却可灵活改变的效果。

KNX 智能家居系统拓扑如图 2-4 所示。

（1）KNX 总线元件的分类。KNX 总线元件分为控制器、执行器和传感器三类。

1）KNX 控制器（图 2-5）。KNX 控制器是 KNX 家庭自动化系统的核心组件，用于管理和控制 KNX 系统中的各种设备。它通过 KNX 总线（内部和外部）连接所有的 KNX 部件，并接收和解释用户指令。KNX 控制器通常由一个微处理器和用于存储 KNX 程序和数据的内存组成，具有强大的编程和诊断功能，允许用户根据需要调整系统设置并监控系统状态。

2）KNX 执行器（图 2-6）。KNX 执行器用于控制各种电动设备，这些设备包括照明设备、电动窗帘、空调等。KNX 执行器通常由一个驱动电路和一个接口组成，用于接收来自控制器的信号并驱动设备。这些执行器可以根据需要调整设备的工作状态，如打开或关闭设备，调整设备的亮度、温度等参数。

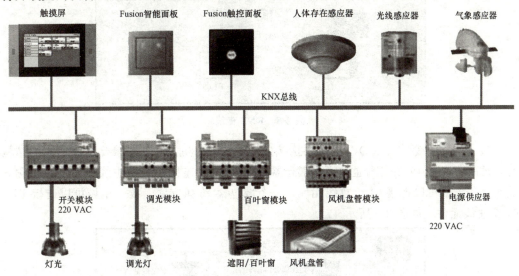

触摸屏　　Fusion智能面板　　Fusion触控面板　　人体存在感应器　　光线感应器　　气象感应器

KNX总线

开关模块　　调光模块　　　　百叶窗模块　　风机盘管模块　　电源供应器
220 VAC　　　　　　　　　　　　　　　　　　　　　　　　220 VAC

灯光　　　调光灯　　　遮阳/百叶窗　　风机盘管

图 2-4　KNX 智能家居系统拓扑

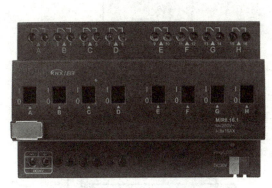

图 2-5　KNX 控制器

图 2-6　KNX 执行器

3）KNX 传感器（图 2-7）。KNX 传感器是检测和测量各种环境参数（如温度、湿度、光照等），并将这些参数转换为电信号，以便在 KNX 系统中使用的设备。KNX 传感器通常由一个测量装置和一个接口组成，用于将测量参数转换为电信号并发送到 KNX 控制器或其他设备。一些高级的 KNX 传感器还具备报警功能和自我诊断等额外功能。

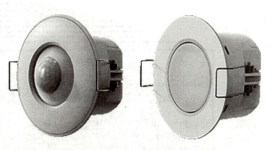

图 2-7　KNX 传感器

（2）KNX 的系统结构。

1）KNX 支线（图 2-8）。系统最小的结构称为支线，最多可容纳 64 个总线元件在同一支线上运行。

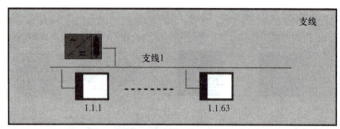

图 2-8　KNX 支线

2）KNX 主线（图 2-9）。当总线连接的总线元件超过 64 个或需要选择不同的结构时，最多可以有 15 条支线通过线路耦合器（LC）组合连接在一条主线上，该结构称为域。每条支线可以连接 64 个总线元件，一个域包含 15 条支线，故一个域可以连接 15×64 个总线元件。如图 2-9 所示。

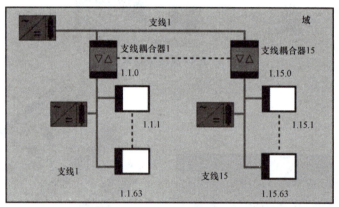

图 2-9　KNX 主线

3）KNX 总线（图 2-10）。总线可以按主干线的方式进行扩展，干线耦合器（BC）将其域连接到主干线上。总线上最多可以连接 15 个域，总计可连接 14 400 个总线元件。

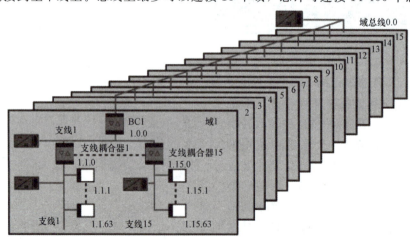

图 2-10　KNX 总线

在同一条支线中，所有分支电缆总和不超过 1 000 m；总线元件之间最远不超过

700 m；电源到总线元件最远不超过 350 m（图 2-11）。

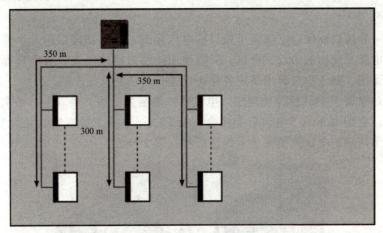

图 2-11　KNX 传输距离

KNX 模块安装示意如图 2-12 所示。

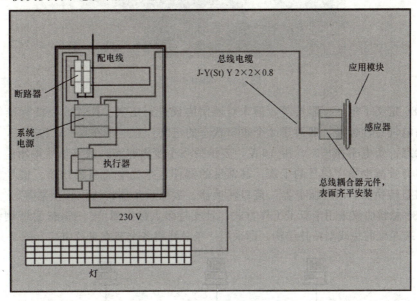

图 2-12　KNX 模块安装示意

在整个系统中，所有传感器都通过数据线与制动器连接，而制动器通过控制电源电路来控制电器。所有器件通过同一条总线进行数据通信，传感器发送命令数据，相应地址上的制动器执行相应功能。此外，整个系统可以通过预先设置控制参数实现相应的系统功能，如组命令、逻辑顺序、控制的调节任务等。同时，所有的信号在总线上都是以串行异步传输（广播）的形式进行传播，即任何时候，所有的总线设备都同时接收总线上的信息，只要总线上不再传输信息，总线设备即可独立决定将报文发送到总线上。KNX 电缆由一对双绞线组成，其中一条双绞线用于数据传输（红色为 CE＋，黑色为 CE－），另一条双绞线为电子器件提供电源。

KNX 协议具备开放性和可扩展性，允许不同厂商和品牌的设备无缝互联互通；支持多种传输媒介，如双绞线、无线、电力线和以太网。同时，KNX 具备强大的组态功能，支持多种编程语言，如 C、Python 和 Java 等。

2. RS485 协议

串口是一种接口标准，它规定了接口的电气标准，属于物理层的一个标准，但未规定接口插件电缆及使用的协议。所以，只要使用的接口插件电缆符合串口标准就可以在实际中灵活运用，基于串口标准使用各种协议进行通信及设备控制。

RS485 是隶属于 OSI 模型物理层，电气特性规定为 2 线、半双工、平衡传输线多点通信的标准。它是由 TIA（电信行业协会）及 EIA（电子工业联盟）联合发布的标准。RS485 用电缆两端的电压差值来表示传递信号（图 2-13）。

图 2-13　RS485 接口

RS485 定义了电压、阻抗等，但未对通信协议进行定义。RS485 总线标准规定了总线接口的电气特性标准，即对于 2 个逻辑状态的定义：正电平在 +2 V 和 +6 V，表示一个逻辑状态；负电平在 -2 V 和 -6 V，表示另一个逻辑状态。数字信号采用差分传输方式，能够有效减少噪声信号的干扰。其常见的器件包括光电隔离集线器、信号放大中继器、防雷型转换器、串口服务器、接口转换器、数据采集器、协议转换器等。

RS485 总线协议采用半双工工作方式，且支持多点数据通信。RS485 总线网络拓扑一般采用终端匹配的总线型拓扑结构，即采用一条总线将各个节点进行串接（图 2-14）。

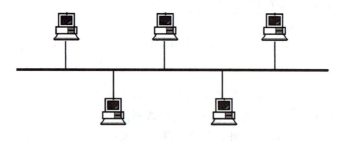

图 2-14　总线型拓扑结构

RS485 总线是一种相对经济、抗噪性强、传输速率高的通信平台。其抗干扰能力很强，接收器灵敏度较高，不仅传输距离远，而且支持的节点更多。一般的总线最大支持 32 个节点，通过特制的 RS485 芯片可以支持到 256 个甚至更多。

3. CAN 总线协议

控制器局域网总线（Controller Area Network，CAN）是一种用于实时应用的串行通信协议总线，支持分布式控制系统的串行通信网络。它是由德国 BOSCH 公司为汽车应用而开发的，由于其高可靠性、实时性和灵活性，CAN 总线协议已经广泛应用于汽车、工业控制、环境监测、医疗器械、智能家居等众多领域。

（1）CAN 总线的特点。

1）多主控制方式。在总线空闲时，所有单元都可往总线上发送消息，最先访问总线的单元可获得发送权；当多个单元同时发送时，CANID 小的节点获得发送权。

2）非破坏性总线仲裁技术。当总线发生冲突时，高优先级报文可不受影响地进行传输，保证高优先级的实时性要求；而低优先级的报文退出传输。

3）高可靠性。每帧都有位填充、CRC 校验等多种错误检测，保证了极低的错误率；发送期间丢失仲裁或因错误而破坏的数据帧可自动重发，此过程由 CAN 控制器自己重发，无须人为重新装载发送数据。

4）自动关闭总线。CAN 控制器可检测和判断总线上的错误类型，无论是短暂的数据错误（如外部噪声），还是持续的数据错误（如单元内部故障、驱动器故障、短路故障等）。当错误为持续性故障时，CAN 控制器可自动关闭，脱离总线，以免影响总线上其他节点的正常通信。

（2）CAN 总线拓扑图。CAN 控制器根据两根线上的电位差来判断总线电平。总线电平分为显性电平和隐性电平，两者必居其一。发送方通过使总线电平变化，将消息发送给接收方。图 2-15 所示为一个 CAN 总线连接示意图。

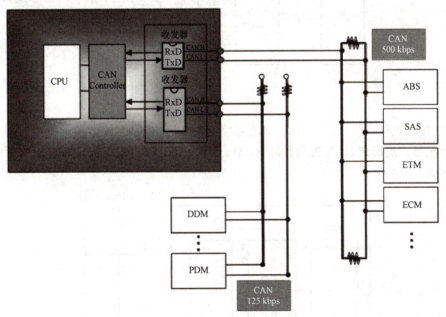

图 2-15 CAN 总线连接示意

在图 2-15 中，总线连接由两个 CAN 网络组成，其中一个网络通信速率为 500 K，另外一个为 125 K。每个 CAN 网络由 CANH 和 CANL 两根线组成，各个节点（ABS、SAS、ETM、ECM）分别连接在 CANH 和 CAHL 上。在每个 CAN 网络的头尾分别连接了两个终端电阻，终端电阻的大小为 120 Ω。左边阴影部分是某个节点的内部电路模块，包含 CPU、CAN 控制器及 CAN 收发器。其中，CPU 负责将需要发送的数据传递给 CAN 控制器，并接收从 CAN 控制器中解析的数据。CAN 控制器将 Rx 脚的二进制的

0/1 转换为具体的报文，然后将报文传递给 CPU，将 CPU 需要发送的报文转换为二进制 0/1，通过 Tx 脚传递给 CAN 收发器。CAN 控制器的主要功能是电平转换，将 CANH 和 CANL 上的电平转换为 Rx 脚上的 0/1，将 Tx 脚上的 0/1 在 CANH 和 CANL 之间进行转换。

（3）CAN 信号电平。当 CANH 与 CANL 电压相同（CANH＝CANL＝2.5 V）时，为逻辑"1"；当 CANH 和 CANL 电压相差 2 V（CANH＝3.5 V，CANL＝1.5 V）时，为逻辑"0"。高速 CAN 收发器在共模电压范围内（－12～ 12 V），将 CANH 和 CANL 电压相差大于 0.9 V 解释为显性状态（Dominant），将 CANH 和 CANL 电压相差小于 0.5 V 解释为隐性状态（Recessive）。

CAN 总线采用不归零码位填充技术，即 CAN 总线上的信号有两种不同的信号状态，分别是显性逻辑 0 和隐性逻辑 1，信号每次传输完后无需要返回到逻辑 0（显性）的电平。

1）发送过程（图 2-16）：CAN 控制器将 CPU 传来的报文转换为逻辑电平（逻辑 0——显性电平或者逻辑 1——隐性电平），通过 Tx 脚传递给 CAN 收发器。CAN 收发器接收逻辑电平之后，再将其转换为差分电平输出到 CAN 总线上。

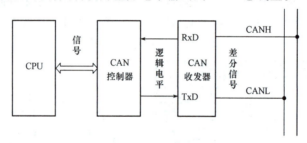

图 2-16　CAN 发送过程

2）接收过程（图 2-17）：CAN 收发器将 CANH 和 CANL 线上传来的差分电平转换为逻辑电平，输出到 CAN 控制器的 Rx 脚，CAN 控制器再把该逻辑电平转化为相应报文发送到 CPU 上。

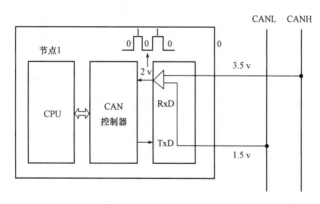

图 2-17　CAN 接收过程

CAN 总线协议的网络拓扑结构有总线型网络拓扑结构、星型网络拓扑等。总线型网络拓扑结构中，各节点直接连在总线上，通过发送和接收数据实现通信；星型网络拓扑结构中，各节点通过单独的线缆连接到中心控制器，由中心控制器负责数据传输和信息交互。

CAN 总线有两个 ISO 国际标准：ISO11898 和 ISO11519。其中：ISO11898 定义了通信速率为 125 kbps～1 Mbps 的高速 CAN 通信标准，属于闭环总线，传输速率可达 1Mbps，总线长度≤40 m；ISO11519 定义了通信速率为 10～125 kbps 的低速 CAN 通信标准，属于开环总线，传输速率为 40 kbps 时，总线长度可达 1 000 m。

现代家庭很需要一个智能中心来完成对整个智能家居的控制，因此以 CAN 总线为基础可以打造出两条线路：一条是家庭内部总线；另一条是由家庭内部连接至户外的总线。CAN 总线保证了室内的信息传输的同时也与外界保证了联系，而且具有较高的安全性。

2.2.3 智能家居无线协议

众所周知，在物联网行业中，有两种典型的网络：一种是 WAN（广域网）；另一种是 LAN（区域网）（图 2-18）。

对于 LoRa、NB-IoT、2G / 3G / 4G 等无线技术，通常传输距离超过 1 km，因此它们主要用于广域网（WAN）。

对于 Wi-Fi、蓝牙、BLE、ZigBee 和 Z-Wave 等无线技术，通常的传输距离小于 1 km，因此它们主要用于局域网（LAN）。

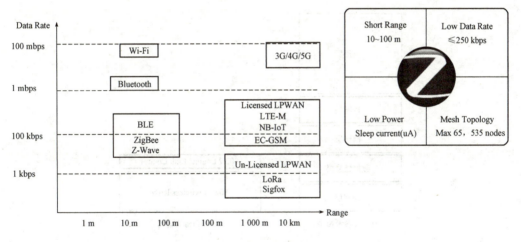

图 2-18　无线协议对比

1. Wi-Fi 协议

Wi-Fi（Wireless Fidelity），中文又称"移动热点"，是 Wi-Fi 联盟的商标，也是一项基于 IEEE 802.11 标准的无线局域网（WLAN）技术。自 1997 年第一代 IEEE 802.11 标准发布以来，802.11 标准经历了 6 个版本的演进。在 Wi-Fi 6 发布前，Wi-Fi 标准是通过从 802.11b 到 802.11ac 的版本号来标识的。随着 Wi-Fi 标准的演进，Wi-Fi 联盟为了便于 Wi-Fi 用户和设备厂商轻松了解 Wi-Fi 标准，选择使用数字序号来对 Wi-Fi 重新命名（表 2-1）。注：电气和电子工程师协会（Institute of Electrical and Electronics Engineers，IEEE），Wi-Fi 联盟（Wi-Fi Alliance，WFA）。

表 2-1   Wi-Fi 协议版本

Wi-Fi 版本	Wi-Fi 标准	发布时间	最高速率	工作频段
Wi-Fi7	IEEE 802.11be	2022 年	30 Gbps	2.4 GHz，5 GHz，6 GHz
Wi-Fi6	IEEE 802.11ax	2019 年	11 Gbps	2.4 GHz 或 5 GHz
Wi-Fi5	IEEE 802.11ac	2014 年	1 Gbps	5 GHz
Wi-Fi4	IEEE 802.11n	2009 年	600 Mbps	2.4 GHz 或 5 GHz
Wi-Fi3	IEEE 802.11g	2003 年	54 Mbps	2.4 GHz
Wi-Fi2	IEEE 802.11b	1999 年	11 Mbps	2.4 GHz
Wi-Fi1	IEEE 802.11a	1999 年	54 Mbps	5 GHz
Wi-Fi0	IEEE 802.11	1997 年	2 Mbps	2.4 GHz
2.4 GHz（802.11b/g/n/ax），5 GHz（802.11a/n/ac/ax）				

网络通信其实就是不同的设备按同一套协议来互传数据。这些协议包括标准协议和非标准协议。其中，最经典的标准协议模型是应用广泛的 TCP/IP 参考模型，涉及应用层、传输层、网络层、数据链路层和物理层。Wi-Fi 协议为 TCP/IP 网络协议构建了数据链路层和物理层（图 2-19）。

图 2-19   Wi-Fi 协议架构

（1）Wi-Fi 频段。物理世界中无线电信道众多，Wi-Fi 协议可用的寥寥无几，主要集中在 2.4 GHz 和 5 GHz 频段。目前根据使用频段分为 2.4 G 和 5 G（与手机移动 5G 概念不同），详见表 2-2。

表 2-2   2.4 GHz 和 5 GHz 频段

频段	2.4 GHz	5 GHz
优点	信号强，衰减小，穿墙强，覆盖距离远	带宽较宽，速度较快，干扰较小
缺点	带宽较窄，速度较慢，干扰较大	信号弱，衰减大，穿墙差，覆盖距离近

5 GHz Wi-Fi 由于频率高，则电磁波的能力强，信号穿透会损失很大能量，因此传播过程衰减较大，传播距离较短。

Wi-Fi 频段对比如图 2-20 所示。

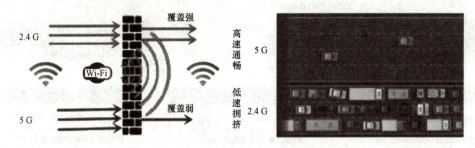

图 2-20　Wi-Fi 频段对比

（2）Wi-Fi 设备。

1）无线接入点（Wireless Access Point，AP）。无线接入点是用于连接无线客户端到有线网络的 WLAN 设备，通常被安装在墙壁、吊顶或地面上。

2）无线接入控制器（Wireless Access Controller，AC）。无线接入控制器是无线局域网接入控制设备，负责把来自不同 AP 的数据进行汇聚并接入 Internet，同时完成 AP 设备的配置管理、无线用户的认证、管理及宽带访问、安全等控制功能。

（3）瘦 AP（FIT AP）。瘦 AP 也称无线网桥、无线网关。此无线设备的传输机制相当于有线网络中的集线器，在无线局域网中不停地接收和传送数据。瘦 AP 本身并不能进行配置，需要一台专门的设备（无线控制器）进行集中控制管理配置。

（4）胖 AP（FAT AP）。胖 AP 也称为无线路由器。它与纯 AP 不同，除具备无线接入功能外，一般还具备 WAN、LAN 两个接口，支持地址转换（NAT）功能，多数支持 DHCP 服务器、DNS，以及 VPN 接入、防火墙等安全功能。胖 AP 可以理解为一个独立的路由器，即便离开 AC 也能独立工作，分类如下：

1）无线网卡（Wireless Network Adapter）。无线网卡是将有线网络信号转化为无线信号的设备，通常内置于笔记本计算机和一些移动设备中。

2）无线路由器（Wireless Router）。无线路由器是一种兼具路由器和无线接入点功能的设备，可以为多个无线客户端提供网络连接。

3）无线桥接器（Wireless Bridge）。无线桥接器可以将多个有线网络或无线网络连接起来，构建一个更大、更复杂的无线网络环境。

4）无线网关（Wireless Gateway）。无线网关是一种兼具路由器、交换机和无线接入点功能的设备，能够通信多个有线或无线客户端，并允许它们与互联网或其他网络连接。

（5）Wi-Fi 技术原理。无线网络在无线局域网的范畴是指"无线相容性认证"，实质上是一种商业认证，同时也是一种无线联网技术，以前通过网线连接计算机，而 Wi-Fi 是通过无线电波来联网。常见的就是一个无线路由器，那么在这个无线路由器的电波覆盖的有效范围都可以采用 Wi-Fi 连接方式进行联网，如果无线路由器连接了一条 ADSL 线路或者其他上网线路，则又被称为热点（图 2-21）。

图 2-21　Wi-Fi 技术原理

（6）Wi-Fi 组网方式。

1）基础设施模式（Infrastructure Mode）。在基础设施模式下，各个 Wi-Fi 设备通过无线接入点 AP 连接到有线网络，所有 Wi-Fi 设备之间的通信均需经过接入点。这种方式适用于大型网络环境，适合多人同时联网和高速数据传输。

2）Ad－hoc 模式。Ad－hoc 模式又称点对点模式，各个 Wi-Fi 设备之间可以直接进行通信，而无需通过接入点。这种方式适用于简单的网络环境，如小范围内的文件共享或游戏联机等场景。

3）桥接模式（Bridge Mode）。桥接模式可以将两个或多个 Wi-Fi 网络连接起来，形成一个更大的网络。这种方式通常用于扩展网络覆盖范围或增强网络信号强度的场景。

4）Mesh 模式。Mesh 模式是一种新兴的 Wi-Fi 组网方式，它可以形成覆盖范围更广、更稳定的无线网络。Mesh 网络由多个无线节点组成，节点之间可以自动建立连接，当某一节点离线时，其他节点可以通过路由寻找其他途径进行连接。这种方式适用于大型固定或移动网络环境，如物联网和城市智能化等应用场景。

（7）Wi-Fi 应用。

1）家庭：Wi-Fi 可用于在家中连接各种设备，如电视、计算机、手机、平板电脑等，进而实现互联网接入、在线购物、观看视频、玩游戏等功能。

2）公共场所：许多公共场所都提供免费的 Wi-Fi 网络，如咖啡馆、餐厅、图书馆、机场、车站等，用来方便人们在外出时接入网络。

3）办公室：Wi-Fi 在办公室中也十分常见，可用来连接计算机和其他设备，实现协同办公，共享文件和资源。

4）教育：许多学校都配备了 Wi-Fi 网络，学生和教师可以随时随地通过计算机或其他设备获取资源和信息。

5）酒店：酒店也是提供免费 Wi-Fi 网络的地方，方便旅客在旅途中接入网络、查询信息和安排行程。

6）车载应用：Wi-Fi 广泛应用于车载设备中，如车载导航、车载娱乐、车载广告等，以便提供更好的服务和体验。

2. ZigBee 协议

ZigBee 这个名字源于蜜蜂（Bee）的 Zig－Zag 舞，这种舞蹈是蜜蜂群体之间一种简单高效的交流方式。当蜜蜂发现食物会返回蜂巢，通过舞蹈向同伴分享位置、方向、距离等信息（图 2-22）。

图 2-22　ZigBee 协议

ZigBee 是一种近距离、低复杂度、低功耗、低成本的双向无线通信技术，主要应用于距离近、功耗低且传输速率不高的各种设备之间的数据传输。ZigBee 的基础是 IEEE 802.15.4 标准。IEEE 802.15.4 标准只定义了物理层协议和 MAC 层协议，ZigBee 联盟在此基础上对其网络协议层和 API 进行了标准化，并开发了安全层。经过 ZigBee 联盟对 IEEE 802.15.4 的改进，最终形成了 ZigBee 协议栈。

（1）ZigBee 的主要特点。

1）低功耗：ZigBee 网络节点设备工作周期较短，收发信息功率低，且采用休眠模式，低功耗性能显著。

2）短时延：通信延时和从休眠状态激活的延时都非常短，设备搜索延时为 30 ms，休眠激活延时为 15 ms，活动设备信道接入延时为 15 ms。

3）低成本：ZigBee 协议栈设计简单，协议免专利费，加之使用的频段无须付费，因此，ZigBee 产品的成本较低。

4）网络容量大：一个星型结构的 ZigBee 网络最多可容纳 255 个设备，且网络组成灵活。网状结构的 ZigBee 网络理论上可支持 65 535 个节点。

5）高可靠性：ZigBee 采取碰撞避免策略，避开了发送数据的竞争与冲突。MAC 层采用完全确认的数据传输模式，每个发送的数据包都必须等待接收方的确认信息，如果传输过程中出现问题可进行重发。

6）高安全性：ZigBee 提供了基于循环冗余校验（CRC）的数据包完整性检查功能，支持鉴权和认证，采用 AES－128 加密算法，各应用可以灵活确定其安全属性。

（2）ZigBee 联盟（图 2-23）。ZigBee 联盟是推广 ZigBee 技术的主要力量。这是一个开放的组织。任何公司均可加入 ZigBee 联盟或为成员。Silicon Labs 是 ZigBee 联盟的董事会成员。

ZigBee 联盟主要的三个工作：为物联网的无线设备端到端的通信制定开放的全球标准；通过联盟的认证计划对产品进行认证，以帮助确保互操作性；在全球范围内推广 ZigBee 标准。

（3）ZigBee 协议结构（图 2-24）。

1）物理层和 MAC 层由 IEEE 802.15.4 定义。物理层负责无线电管理，包括如调制/解调、信号强度检测等功能。MAC 层负责单跳通信。

图 2-23　ZigBee 联盟

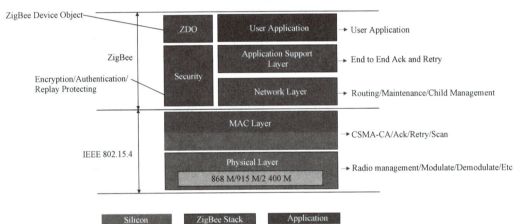

图 2-24　ZigBee 协议结构

2）网络层负责消息的发送和接收、设备维护、路由等。

3）应用程序支持层（APS）负责端到端消息的传输。

4）应用层留给用户设计。每个应用程序实例称为一个 Endpoint。专为管理功能保留了一个特殊的 Endpoint，即 Endpoint 0，人们也将此管理功能模型称为 ZigBee 设备对象（ZDO）。

在 APS 层和网络层中，有一些安全功能可用于保护网络免遭黑客攻击。

ZigBee 在 ISM 频率上工作，通信信道定义如图 2-25 所示。

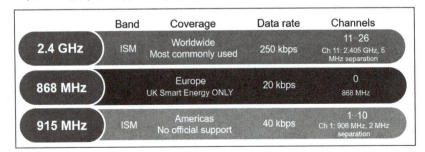

图 2-25　ZigBee 频段

（4）ZigBee 组网（图 2-26）。ZigBee 组网可以将多个设备组成一个分布式网络，包括协调器（Coordinator）、路由器（Router）和终端设备（End Device）。这些设备之间通过无线通信互相交流和传输数据。通过 ZigBee 组网，可以实现数据的采集、传输、处理和控制操作，达到网络智能化管理的目的。

1）ZigBee 协调器（Coordinator）：协调器是 ZigBee 组网中的核心设备，它负责网络的创建和管理工作。在一个 ZigBee 网络中，必须有一个协调器作为网络的控制中心，它负责分配网络地址，以及维护网络安全、数据路由、设备管理等工作。

2）ZigBee 路由器（Router）：路由器可以扩大 ZigBee 网络的覆盖范围、通信能力，从而拓展应用场景。路由器可以扩展网络范围，提高网络的可靠性，增强网络的冗余性，同时也可以增强数据传输的速度和准确性。

3）ZigBee 终端设备（End Device）：终端设备是 ZigBee 网络最基本的组成部分。其主要作用是采集数据、向网络提供数据并执行控制命令。终端设备通常配备各种传感器，用于采集环境温度、湿度、光线、声音、气压等参数，并将这些数据通过协调器或路由器传输给其他 ZigBee 设备。

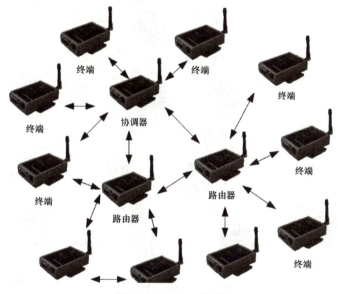

图 2-26　ZigBee 组网

ZigBee 根据网络拓扑结构可分为星型拓扑、树型拓扑和网状拓扑（mesh 拓扑）三种。

①ZigBee 星型拓扑：在 ZigBee 网络中属于一种最为简单的网络拓扑结构。其包含一个协调器（中心节点）、若干个路由器和终端（附属节点）。在该结构网络中，每个附属节点只能与中心节点通信，如果两个附属节点之间通信，必须经过中心节点进行数据转发（图 2-27）。

②ZigBee 树型拓扑：由一个协调器、若干个路由器和终端组成。ZigBee 树型拓扑可以看作多个星型拓扑连接，每个树权分支处（带节点的路由器）相当于星型拓扑的"中心节点"，每个子设备只能与其父节点通信，最高级的父节点为协调器。在树型拓扑中，协调器将整个网络搭建起来，路由器作为承接点，使网络呈树状向外扩散。节点通过中间的路由器形成"多跳通信"。与星型拓扑相比，树型拓扑在容量及健壮性上有大幅度

提高（图 2-28）。

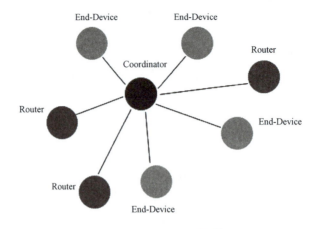

图 2-27　ZigBee 星型拓扑

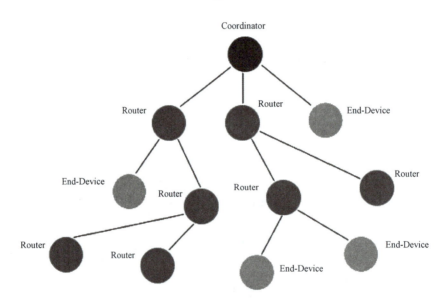

图 2-28　ZigBee 树型拓扑

③ZigBee 网状拓扑：是建立在 ZigBee 树型拓扑结构上，除具备 ZigBee 树型拓扑的所有功能外，其相邻路由器之间也存在通信关系，使网络的动态分布更为灵活，路由能力更加稳定、可靠。在可能的情况下，路由节点之间可以直接通信。这种路由机制使信息通信变得更高效，而且意味着一旦这一个路由路径出现了问题，信息可以自动地沿着其他的路由路径进行传输。充分发挥出 ZigBee 网络的自组织优势（图 2-29）。

通常在支持网状网络的实现上，网络层会提供相应的路由探索功能，这一特性使网络层可以找到信息传输的最优路径。以上特性均由网络层来实现，应用层无需参与。

3. 蓝牙

蓝牙是一种短距离无线通信技术，能在手机、平板电脑、无线耳机、笔记本计算机、相关外设等众多设备之间进行无线数据交换（图 2-30）。

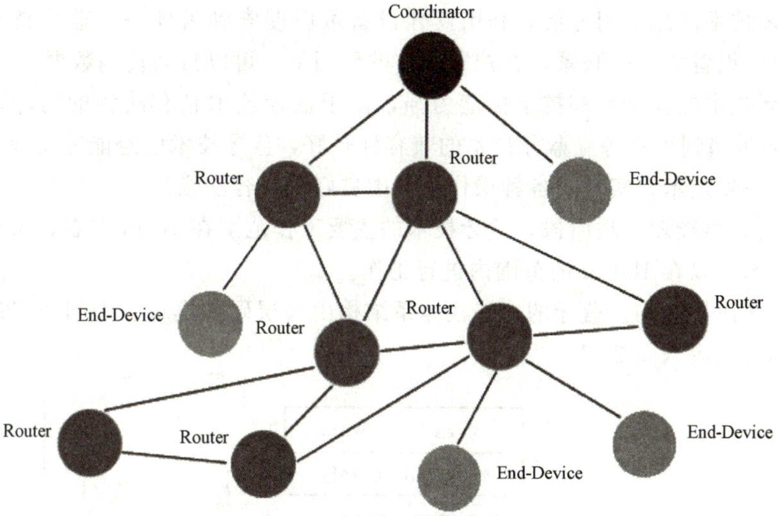

图 2-29　ZigBee 网状拓扑

图 2-30　蓝牙

1998 年 5 月，爱立信、诺基亚、东芝、IBM 和英特尔五家厂商在联合开展短程无线通信技术的标准化活动时提出蓝牙技术，其宗旨是提供一种短距离、低成本的无线传输应用技术。这五家厂商还成立了蓝牙特别兴趣组，推动蓝牙技术成为未来无线通信标准。

蓝牙技术联盟（Bluetooth Special Interest Group，Bluetooth SIG）是一个以制定蓝牙规范、推动蓝牙技术为宗旨的跨国组织。其拥有蓝牙商标，负责认证制造厂商，授权其使用蓝牙技术与蓝牙标志，但是其本身不负责蓝牙装置的设计、生产及贩售。

蓝牙工作在全球通用的 2.4 GHz ISM（Industrial Scientific Medical，即工业、科学、医学）频段，使用 IEEE 802.11 协议。为避免干扰可能使用 2.45 GHz 的其他协议，蓝牙协议将该频段划分为 79 频道（带宽为 1 MHz），每秒频道转换可达 1 600 次。作为一种新兴的短距离无线通信技术，蓝牙正有力地推动着低速率无线个人区域网络的发展。

（1）蓝牙的特点。

1）蓝牙技术的适用设备多，无须电缆，通过无线使计算机和电信设备联网进行通信。

2）蓝牙技术的工作频段全球通用，适用于全球范围内的用户无界限的使用，解决了蜂窝式移动电话的国界障碍。

3）蓝牙技术产品使用方便，利用蓝牙设备可以搜索到另外一个蓝牙技术产品，迅速建立起两个设备之间的联系，在控制软件的作用下，可以自动传输数据。

4）蓝牙技术的安全性和抗干扰能力强，由于蓝牙技术具有跳频的功能，故能有效避免ISM频带遇到干扰源。蓝牙技术的兼容性较好，蓝牙技术已经能够发展成为独立于操作系统的一项技术，实现了各种操作系统中良好的兼容性能。

5）传输距离较短，现阶段，蓝牙技术的主要工作范围在10 m左右。增加射频功率后，蓝牙技术可以在100 m的范围内进行工作。

（2）蓝牙协议结构。蓝牙的协议栈体系结构由底层硬件模块、中间协议层和高端应用层三大部分组成（图2-31）。

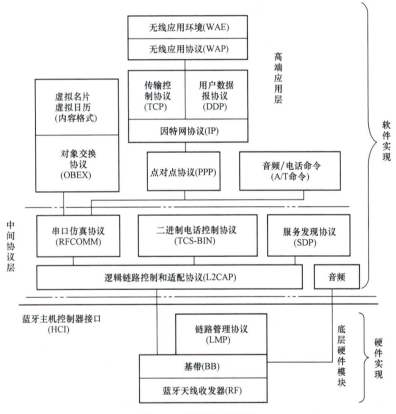

图 2-31　蓝牙协议结构

1）底层硬件模块。蓝牙技术系统构成中的底层硬件模块由基带、跳频和链路管理组成。其中，基带完成蓝牙数据和跳频的传输。无线调频层是不需要授权的通过2.4 GHz ISM频段的微波，数据流传输和过滤就是在无线调频层实现的，主要定义了蓝牙收发器在此频带正常工作所需要满足的条件。链路管理实现了链路建立、连接和拆除的安全控制。

2）中间协议层。蓝牙技术系统构成中的中间协议层主要包括服务发现协议、逻辑链路控制和适配协议、电话控制协议和串口仿真协议四个部分。服务发现协议的作用是提供上层应用程序的一种机制以便于使用网络中的服务。逻辑链路控制和适配协议是负责数据拆装、复用协议和控制服务质量，是其他协议层作用实现的基础。电话控制协议提供蓝牙设备之间话音和数据的呼叫控制信令。串口仿真协议是在逻辑链路控制和适配协议上仿真9针RS－232串口功能。

3）高端应用层。蓝牙技术系统构成中的高端应用层是位于协议层最上部的框架部分。高端应用层主要包括文件传输、网络、局域网访问。不同种类的高端应用层是通过相应的应用程序，基于一定的应用模式实现无线通信。

（3）蓝牙 Mesh。蓝牙发展至今已经推出了两种不同的风格，分别是经典蓝牙（BR/EDR）和低功耗蓝牙（BLE），这两种风格分别应用不同的场景。经典蓝牙通常应用于对功耗不敏感且要求高传输速度的产品，如音视频设备、蓝牙耳机等。而低功耗蓝牙是在经典蓝牙之后推出的风格，其对低功耗的功能进行了优化，可以满足用电池让一个设备工作很久，如共享单车和智能门锁通常使用低功耗蓝牙来开发产品。虽然上述两种风格在同一款产品上可以共存（如手机），但并不意味着两种风格之间可以相互通信，它们是两个独立的协议栈，因此只能跟对应风格的产品进行通信（图 2-32）。

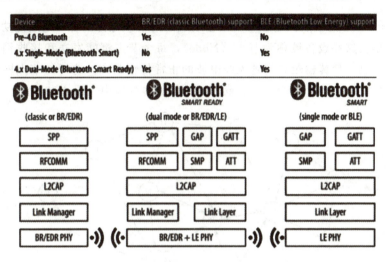

图 2-32　蓝牙版本

蓝牙 Mesh 是一种基于低功耗蓝牙（Bluetooth Low Energy，BLE）技术的无线通信协议，用于建立设备之间的多跳网络连接。低功耗蓝牙技术是蓝牙 Mesh 使用的无线通信协议栈，因此，理论上只要是支持 BLE 的设备都能支持蓝牙 Mesh 功能。蓝牙 Mesh并非无线通信技术，而是一种网络技术。

BLE 工作在无须认证的 2.4 G 免费频段，该频段广泛应用于 ISM（工业、科学、医疗）领域。通过跳频通信实现抗干扰特性，GFSK 调制，采用 1 Mbps 码元率 PHY 层设计，可以实现 1 Mbps 波特率通信，BLE 5.0 优化后的物理层码元率可达 2 Mbps。2.4 G 的频段按照每 2 M 带宽划分为 40 个信道，通过 FDMA（频分多址）和 TDMA（时分多址）实现多路访问信道资源（表 2-3）。

表 2-3　蓝牙 mesh 通道

RF channel	RF Center Frequency	Channel Type	Date Channel Index	Advertising Channel Index
0	2,402 MHz	Advertising channel		37
1	2,404 MHz	Date channel	0	
2	2,406 MHz	Date channel	1	
...	...	Date channels	...	

RF channel	RF Center Frequency	Channel Type	Date Channel Index	Advertising Channel Index
11	2,424 MHz	Date channel	10	
12	2,426 MHz	Advertising channel		38
13	2,428 MHz	Date channel	11	
14	2,430 MHz	Date channel	12	
...	...	Date channels	...	
38	2,478 MHz	Date channel	36	
39	2,480 MHz	Advertising channel		39

1）蓝牙 Mesh 的节点。由数千台设备组成的网络，每台设备均通过低功耗蓝牙无线连接进行通信。这些设备被称为节点（Node），每个节点都能发送和接收消息，信息能够在节点间中继，使传输距离超越无线电波的正常传输距离。这样的节点网络可以被分布在制造工厂、办公楼、购物中心、商业园区及更多环境中（图 2-33）。

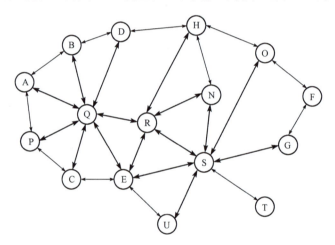

图 2-33　蓝牙 Mesh 组网

一些节点（如传感器）可能使用电池供电，而另一些节点（如照明设备、制造机械和电动机等）会通过主电网来获取电力。一些节点的处理能力会高于其他节点。这些节点在 mesh 网络中可承担更为复杂的任务，扮演不同的角色，分为以下四大节点：

①低功耗（Low-Power）节点：功率受限的节点可能会利用低功耗特性来减少无线电接通时间以节省功耗。同时，低功耗节点（LPN）可以与 Friend 节点协同工作。

②朋友（Friend）节点：功率不受限的节点适合作为 Friend 节点。它能存储发往低功耗节点（LPN）的消息和安全更新；当低功耗节点需要时再将存储的信息传输至低功耗节点。

③中继（Relay）节点：中继节点能够接收和转发消息，通过节点间的消息中继，实现更大规模的网络。节点能否具备这一特性取决于其电源和计算能力。

④代理（Proxy）节点：代理节点能够实现通用属性协议（Generic Attribute Profile，GATT）和蓝牙 Mesh 节点之间的 Mesh 消息发送与接收。承担这一角色的节点需

要稳定的电源和一定的计算资源。

蓝牙 Mesh 节点如图 2-34 所示。

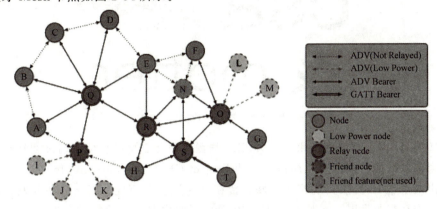

图 2-34　蓝牙 Mesh 节点

2）蓝牙 Mesh 的特点。蓝牙 Mesh 具有低功耗、多跳连接、易部署、高灵活性、高安全性等特点。蓝牙 Mesh 采用 BLE 技术，设备功耗低，可实现长时间运行，并适用于电池供电的场景；支持多跳连接，设备之间可以通过多点传输实现信息的传输和共享，扩大通信范围；无须复杂的布线和配置，可快速搭建起无线通信网络；允许用户添加或删除节点，以适应不同环境和应用需求；采用了对称密钥和公私钥加密技术，通信过程中具有较高的安全性。

3）蓝牙 Mesh 的应用。在 Mesh 网状网络中，蓝牙 Mesh 理论上最多支持 32 767 个设备，最大 Mesh 直径为 127 跳。因此，蓝牙网状网络适用于多对多无线通信场景，尤其是可以改善建筑广域网的通信性能。通过蓝牙 Mesh 技术，智能家居设备可以方便地进行互联互通，实现灯光控制、窗帘开合、智能安防等功能。在工业物联网领域，蓝牙 Mesh 可用于实现传感器监测、设备控制、物流管理等功能，提高生产效率和降低成本。智慧城市中的交通、环保、能源等领域，可以通过蓝牙 Mesh 技术实现信息的共享和协同处理，提升城市管理效率和公共服务水平。

4）蓝牙 Mesh 的未来发展。蓝牙 Mesh 技术将继续向更高速率、更远距离的方向发展，以满足更复杂的应用场景和更高的用户需求。它将进一步优化组网性能，提高网络的稳定性和可靠性，以满足大规模部署的需求。同时，蓝牙 Mesh 技术将更加注重安全性，采用更强大的加密和认证机制，以确保网络的安全性和隐私性。蓝牙 Mesh 将与物联网、云计算、人工智能等其他先进技术进一步融合，以提供更高效、更智能的解决方案。蓝牙 Mesh 将与 Wi-Fi、ZigBee 等无线技术进行融合和协同，实现多技术融合的高效应用。蓝牙 Mesh 将与传感器、执行器等硬件设备更好地结合，以实现更精准、更灵活地控制和调节。

4. Matter 协议

Matter 是一种开源标准，将不同的家居生态产品连接在一起，任何智能设备都可以用它来创造更无缝的智能体验。任何兼容 Matter 协议的智能家居设备，都可以将其设置在支持 Matter 的平台上使用。Matter 协议标志如图 2-35 所示。

图 2-35　Matter 协议标志

2019 年 12 月，谷歌和苹果加入 ZigBee 联盟，联合亚马逊和全球超过 200 家公司数千名专家，共同推广新的应用层协议，即 Project CHIP（Connected Home over IP）协议。该协议基于 IP 协议实现家居互联，旨在增加设备兼容性、简化产品开发、改善用户体验、推动行业发展。2021 年 5 月，ZigBee 联盟更名为连接标准联盟（Connectivity Standards Alliance，CSA）。同时，CHIP 项目也更名为 Matter（中文意思是"情况、事件、物质"）。

（1）Matter 协议架构。从图 2-36 中可以看出，Wi-Fi、Thread、低功耗蓝牙（BLE）、以太网（Ethernet）属于底层协议（物理层和数据链路层），往上是网络层，包括 IP 协议，再往上是传输层，包括 TCP 和 UDP 协议，而 Matter 协议属于应用层协议。

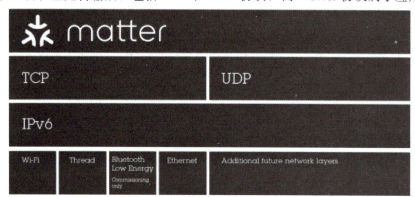

图 2-36　Matter 协议架构

（2）Matter 组网模式。Matter 是基于 TCP/IP 协议的，支持 Matter 协议的 Wi-Fi、Ethernet 设备，直接连接无线路由器即可，支持 Matter 协议的 Thread 设备，通过边界路由器（Border Routers）也可以与 Wi-Fi 等基于 IP 的网络互联。对于不支持 Matter 协议的设备，如 ZigBee、蓝牙设备等可以连接到网桥类设备（Matter Bridge/Gateway）进行协议转换，然后连接无线路由器。Matter 组网模式如图 2-37 所示。

（3）Matter 的未来发展。Matter 代表了智能家居技术的发展趋势。因此，自成立之日起，它就受到了广泛关注和热烈支持。行业对 Matter 的发展前景非常乐观。根据市场研究公司 ABI Research 的最新报告，从 2022 年到 2030 年，将有超过 200 亿台无线互联智能家居设备在全球出售，其中很大一部分设备类型将满足 Matter 规范。Matter 目前采用的是认证机制。厂商开发的硬件，需要通过 CSA 联盟的认证流程，才能获得 Matter 的认证证书，且允许使用 Matter 标志（图 2-38）。

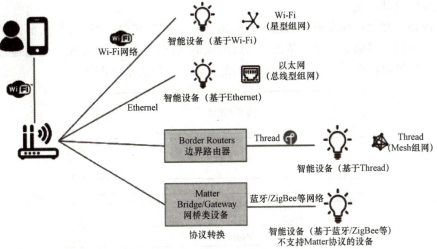

图 2-37　Matter 组网模式

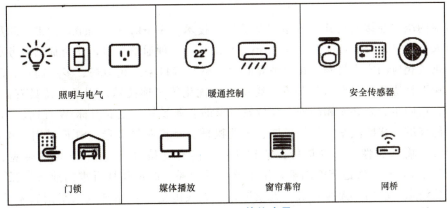

图 2-38　Matter 协议应用

按 CSA 的说法，Matter 规范将适用于控制板、门锁、灯、插座、开关、传感器、恒温器、风扇、气候控制器、百叶窗和媒体设备等多种类型的设备，涵盖了智能家居的绝大多数场景。

Matter 作为一个上层协议，其最大的作用在于打破了不同设备和生态之间的壁垒。将数字技术赋能家庭生活，持续改善用户的数字生活体验，是整个智能家居行业的愿景，也是每个行业从业企业及从业者的职责。

5. NearLink（星闪）

NearLink（星闪）是新一代近距离无线连接技术，由华为与"星闪联盟"共同研发。星闪旨在为物联网设备提供高效、低成本、可靠的通信解决方案，同时支持多种应用场景，如智能家居、智能城市、智能工业等（图 2-39）。

2019 年，华为着力推进星闪技术研发与"星闪联盟"建立。2020 年，在工信部的牵头下，星闪技术标准化正式启动。2022 年星闪 1.0 版本正式发布，引入 5G 关键技术与创新理念，弥补传统无线通信技术的缺陷。2023 年 7 月，国际星闪无线短距通信联盟正式成立，并发布星闪芯片、开发板

图 2-39　星闪标志

及首批星闪测试仪表。

星闪是一套"一标多模"的无线短距离通信方案。其中，"一标"指的是星闪这一整套由接入层、基础服务层、基础应用层组成的系统标准，而"多模"是指通过接入层的不同通信界面，以对应模式来满足不同的链接、传输需求（图2-40）。

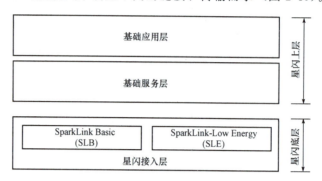

图 2-40　星闪架构

目前的版本在接入层共设有星闪基础接入技术（SparkLink Basic，SLB）和星闪低功耗接入技术（Spark Link-Low Energy，SLE）这两种通信接口，并为基础服务层和应用层提供了相应的安全机制。在两种界面中，SLB 接口采用超短帧、多点同步、双向认证、快速干扰协调、双向认证加密、跨层调度优化等多项技术，用于支持具有低时延、高可靠、精同步、高并发和高安全等传输需求的业务场景，主要对标 Wi-Fi 技术，用于承载智能终端、智能汽车、无线投屏、工业机械运动控制等场景。SLE 采用 Polar 信道编码提升传输可靠性、减少重传、节省功耗，同时支持最大 4 MHz 传输带宽、最大 8PSK 调制等，充分考虑节能因素，用于承载低功耗、高可靠性诉求的业务场景，主要对标蓝牙技术，应用于无线耳机、无线鼠标、无线电池管理系统（汽车钥匙系统）、工业数据采集等场景。SLB 和 SLE 面向不同的业务诉求、提供不同的传输服务，两者相互补充并根据业务需求进行持续、平滑演进。

星闪基础服务层由一系列的基础功能单元组成。星闪无线通信系统通过调用不同功能单元，实现对上层应用功能机系统管理维护的支持。具体包含设备发现功能单元、通用管理功能单元、服务管理功能单元、QoS 管理功能单元和安全管理功能单元等。为保证应用层端到端的安全，星闪定义了应用层传输安全机制和应用的安全要求。针对基于 IP 的传输，星闪设备宜支持 TLS 协议；针对基于 IP 的传输，星闪设备应用层传输安全机制由具体应用实现。

星闪具有以下优势。

（1）低功耗：相比蓝牙技术，星闪技术能够降低 60% 的功耗，这对于消费电子和智能家居设备来说非常重要。

（2）高传输速率：该技术的最高传输速率是传统无线技术（2 Mbps）的 6 倍（12 Mbps），使数据传输更加快速和高效。

（3）抗干扰能力强：在复杂的电磁环境中，星闪技术展现出极强的抗干扰能力，保证了数据传输的稳定性和可靠性。

（4）低时延：星闪传输时延是传统无线技术的 1/30，由毫秒级迈进微秒级，使实时应用和交互更加顺畅，这对于工业制造和自动驾驶等领域具有重要意义。

（5）精定位：星闪将定位精度由传统无线技术的米级提升到分米级，依托领先的测距算法，有效克服人体遮挡、环境吸收和反射等因素叠加，解决测距结果不稳定、反复解闭锁的痛点。

（6）覆盖范围大：与蓝牙技术相比，星闪技术的覆盖距离提高 2 倍，连接数提升 10 倍，使设备之间的连接更加广泛和稳定。

总之，星闪的引入对近距离通信领域具有重要意义。它将与蓝牙和 Wi-Fi 共同构建一个完整的生态系统，为消费电子、智能家居、智能汽车等市场提供更先进、更安全的技术选择，推动产业链和供应链的发展，为用户提供更优质的无线连接体验（表 2-4）。

表 2-4　蓝牙、Wi-Fi 和星闪的比较

项目	蓝牙 5.3	Wi-Fi 6	星闪 1.0
传输速率	24 Mbps	1 200 Mbps（单流）	900 Mbps（高功率）、450 Mbps（低功率）
延迟	50 ms	20 ms	20 μs
接入上限	8 台	256 台	4 096 台

2.2.4　智能家居 PLC-IoT

1. PLC-IoT 概述

电力线通信（Power Line Communication，PLC）是一种利用电力线传输数据的通信方式，按频段可分为窄带 PLC、中频带 PLC 和宽带 PLC。其中，窄带 PLC 是最早用在配电网络中的 PLC 技术，有一系列国际标准，如 G3－PLC、PRIME、IEEE 1901.2 等，载波频带主要分布在 3～500 kHz，主要用于远程抄表。中频带 PLC 技术源于中国，基于国家电网公司 HPLC 规范的中频带技术，其广泛应用于国内用电信息采集领域，并于 2018 年在 IEEE 完成标准化，发布了 IEEE 1901.1 国际标准。

PLC-IoT（Power Line Communication Internet of Things）是基于 HPLC/IEEE 1901.1，结合华为特有技术的面向物联网场景的中频带电力线载波通信技术。PLC-IoT 的工作频段范围为 0.7～12 MHz，噪声低且相对稳定，信道质量好；采用正交频分复用（OFDM）技术，频带利用率高，抗干扰能力强；通过将数字信号调制在高频载波上，实现数据在电力线介质的高速长距离传输。PLC-IoT 应用层通信速率为 100 kbps～2 Mbps，通过多级组网可将传输距离扩展至数千米，基于 IPv6 可承载丰富的物联网协议，使末端设备智能化，实现设备全连接（图 2-41）。

2. PLC-IoT 特点

（1）支持 IPv6，实现 IP 化 PLC 通信。PLC 通信技术仅利用电力线进行数据透传功能，网络通信模型中未扩展网络层和传输层，不能承载 IP 报文，因此无法对接使用标准 TCP/IP 网络模型的场景。

IP 化 PLC 是指华为基于开放标准的 IPv6 技术，在 PLC 网络通信模型中承载了 IPv6 协议，扩展出网络层和传输层。不同类型的末端设备可共享 PLC 网络，实现数据共享，同时不同业务用户也可共享 PLC 网络，独立访问各自管理的低压设备而互不影响，提升 PLC 网络的并发能力和通信效率。

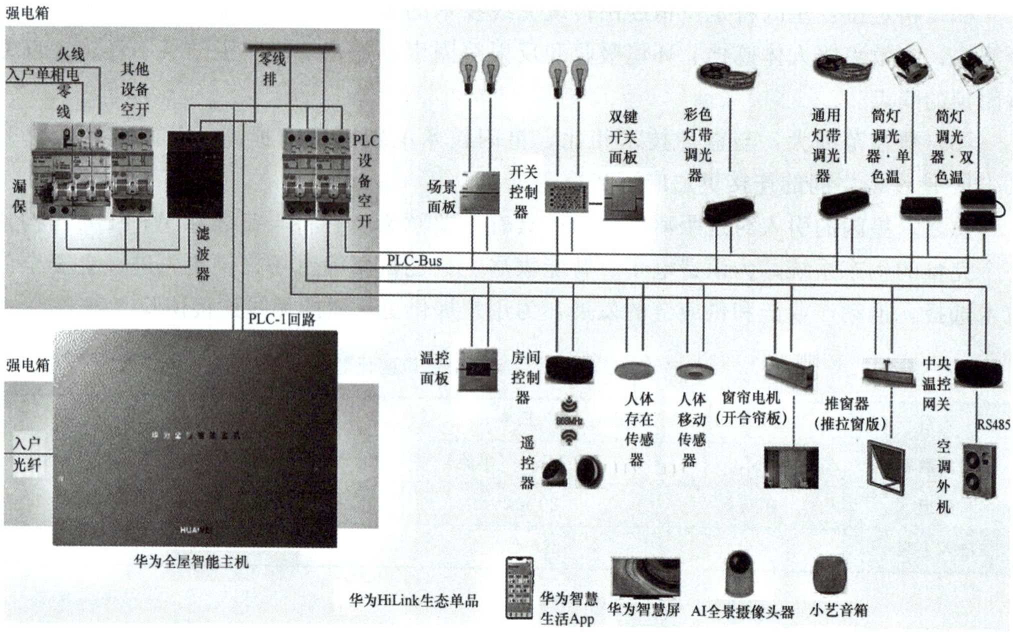

图 2-41   PLC-IoT 智能家居系统架构

（2）网络架构简单，组网灵活，即插即用。PLC-IoT 技术同样需要 PLC 调制和解调模块（PLC 通信模块），但结合了边缘计算网关实现对 PLC 通信模块的管理、数据传输等功能，同时采用即插即用架构，实现物联网关与末端设备快速建立业务通道，有效解决传统末端设备上线流程复杂、安装部署耗时的问题。

（3）无扰台区识别，避免设备归属问题。台区，即一个变压器所管辖的范围，由于配电变压器对电力载波信号具有阻隔作用，因此，PLC 通信技术仅能在一个变压器的区域内传输，这样就会存在末端设备串扰的问题，如本属于一个变压器区域的信号传输串扰至另外一台距离较近的变压器区域。

无扰台区识别是华为推出的新一代台区识别技术，无需任何外加设备，根据宽带载波技术特点和电网及信号特性，仅通过软件分析处理，在模块本地自动分析出末端设备所归属的变压器。利用无扰台区识别的结果，可免除白名单配置，从而减少现场配置，提升设备部署效率。

3. PLC-IoT 工作原理

在信号源侧，PLC 调制模块将需要传输的数据信号经过编码、调制等一系列处理，调制成高频信号再通过耦合电路耦合到电力线上。

在接收端 PLC 解调模块上将数据信号从电力线上分离出高频信号并进行解调，恢复出原有的数据信号。

简单来说，就是将信号源发送的通信数据信息通过 PLC 模块调制成高频电波传输到电力线上，经过电力线传输至数据接收端，接收端的 PLC 模块再将高频电波从电力线分离出来，完成信息传输。

PLC-IoT 工作原理如图 2-42 所示。

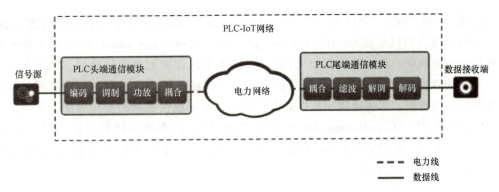

图 2-42 PLC-IoT 工作原理

4. PLC-IoT 网络模型

PLC-IoT 借鉴了 OSI 网络模型，包括物理层、链路层、网络层、传输层和应用层，如图 2-43 所示，其目的是能够支持基于 TCP/IP 的通信与标准 TCP/IP 进行对接，实现标准 IP 网络通信，实现电力线传输的数据及不同类型 PLC 终端之间能够基于 IP 网络通信（IP 化 PLC），扩展 PLC-IoT 的应用场景。

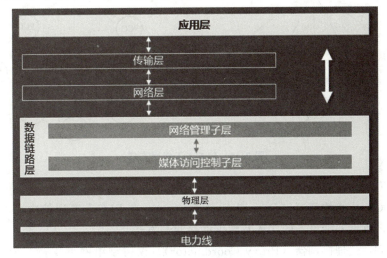

图 2-43 PLC-IoT 网络模型

其中，PLC-IoT 物理层和链路层遵从 HPLC（Q/GDW 11612.41/42—2016）或 IEEE 1901.1 规范。物理层基本频段为 0.7～12 MHz，支持分段使用；链路层支持多级自组网和动态路由技术，最大支持 15 级中继。

PLC-IoT 支持链路层安全机制，通过 AES—128 数据加密保证数据机密性，通过完整性校验防止数据被篡改，通过序列号校验防止重放冲击，增强链路安全性，防止网络攻击。

网络层支持 IPv6 和 6LoWPAN。6LoWPAN 即 IPv6 over Low Power WPAN，是一种报文分片和压缩技术。通过对 IPv6 报头压缩和解压缩、IPv6 报文分片和重组的机制，使 IPv6 报文承载在低速链路上。由于 IPv6 报文最小 MTU 为 1 280 字节，而 HPLC 链路层最大帧长为 520 字节，将 6LoWPAN 技术引入 PLC-IoT 协议架构，不仅能实现分片传输外，还可将 40 字节的 IPv6 报头压缩到低至 4 字节，使 IPv6 能在低速网络上顺畅运行。

传输层支持 TCP/UDP 技术，可通过多个传输层端口承载多种业务，连接多种类型设备。

应用层支持 DTLS 和 CoAP。DTLS（Datagram Transport Layer Security）即数据包传输层安全协议，是一种承载于 UDP 之上的安全认证和加密传输协议。PLC-IoT 采用 DTLS 协议实现 PLC 节点基于数字证书的接入认证，并通过 DTLS 加密通道传输协商链路层加密密钥，实现链路层数据加密传输，为应用提供基础的安全保障。受限应用协议，CoAP（The Constrained Application Protocol）即在物联网领域的一种 Web 协议，它基于 UDP 的应用层协议，采用 REST 架构，使用请求/响应工作模式，非常适合用于 PLC 网络内承载业务。

5. PLC-IoT 组网方式

PLC-IoT 网络根据实际行业应用场景下布线环境和终端连接方式的不同，可呈现星型与树型两种不同的组网拓扑。如图 2-44 所示，其中树型组网最多支持 8 级组网，可提供更大的载波传输距离。

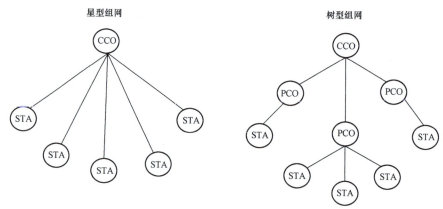

图 2-44　PLC-IoT 组网方式

PLC-IoT 网络支持以下三种角色：

（1）CCO：中央协调器（Central Coordinator），在 PLC-IoT 通信中由 PLC 头端通信模块承担，负责末端设备的接入及数据的接收与发送。

（2）PCO：代理协调器（Proxy Coordinator），仅树型组网下支持，为中央协调器与站点或站点与站点之间进行数据中继转发的站点。

（3）STA：终端设备（Station），在 PLC-IoT 通信中由 PLC 尾端通信模块承担，负责接收与发送电力载波信号，为终端设备提供统一接入 PLC-IoT 网络的方式。

为实现 PLC 快速组网，PLC-IoT 组网具备如下特征：

（1）采用分极收敛架构与代理认证技术，实现大规模终端设备的分钟级快速入网。

（2）智能路径优化与通信保障，多维度路由切换，确保 STA 接入通信成功率。

（3）动态资源调度与宽带优化，自适应时隙分配算法，智能平衡多相位终端规模差异。

（4）超大容量组网能力单网关最大支持节点数 512 个，支持 8 级组网。

6. PLC-IoT 与传统 PLC 的区别

电力载波技术在十多年前就有应用，像电力猫等也一直在使用这一技术。PLC-IoT 使用的 PLC 技术跟传统 PLC 技术本质的区别在于使用协议、带宽技术、传输数据类别不同。

首先不同于路由器、电力猫使用的是 PLC 技术，智能家居 PLC-IoT 使用的是窄带技术，仅传输控制信令和心跳报文，每个设备对带宽的占用很小；而路由器使用的 PLC 是传统 PLC 技术，传输的是数据业务，占据大量带宽资源，所以在使用时可能会受到其他电器的噪声干扰，导致传输速率波动，在部分干扰较大的场景下，会影响使用体验，也就是通常说的"失灵"，且其通常在开放环境使用，没有隔离器等措施，容易受到干扰。

智能家居的 PLC-IoT 系统作为一条独立的回路接入家庭电路，为了阻断传统家电设备产生的噪声，在独立回路上安装了一个滤波器，阻断传统家电对智能家居设备的干扰，从而达到稳定、安全的需求。

智能家居在各种技术的支撑下，实现设备互联、人工智能与自动化，同时也是智能家居中枢系统和控制中心、安全与隐私保护及能源管理与环保等的关键要素。通过这些技术的应用，智能家居使人们的生活更智能、更高效、更便捷，并且为人们创造了更温暖舒适的家居体验。随着技术的不断发展，智能家居技术将继续为人们的生活带来更多的便利与惊喜，推动智慧家庭的普及和发展。

课后练习

1. 填空题

（1）_____是设备之间信号传输的规范，是设备沟通的语言。

（2）KNX 总线元件分为_____、_____和_____三类。

（3）Wi-Fi 频段主要集中在_____和_____频段。

（4）ZigBee 组网可以将多个设备组成一个分布式网络，包括_____、_____和_____。

（5）蓝牙 Mesh 是一种基于_____技术的无线通信协议，用于建立设备之间的多跳网络连接。

2. 问答题

（1）简述 KNX 的系统结构。

（2）画出 ZigBee 三种不同的组网拓扑。

（3）简述 Matter 和 NearLink 未来的发展趋势。

拓展知识

资源名称	无线通信技术	有线通信技术
资源类型	视频	视频
资源二维码		

项目 3　智能家庭网络系统

项目描述 >>>

　　智能家庭网络系统是智能家居中最基础的系统之一，为智能家居中的各个子系统提供互联网服务功能。智能家庭网络是利用各类网络设备（如光猫、家庭路由器、无线接入控制器、无线接入点等）组成的接入运营商网络的局域网系统，为智能家居中的智慧照明设备、智慧安防系统等实现互联网接入与控制交互功能。例如，在回家的公交车上，使用手机与已接入互联网的智能灯光进行通信，实现灯光场景的开启。

　　通过本项目的学习，将了解智能家庭网络系统的结构及常用设备，熟悉系统的组网类型与原理，掌握系统设计方法，学习后将能完成智能家庭网络系统的设计。

知识链接导图 >>>

任务 3.1 智能家庭网络系统认知

 **任务信息**

【任务说明】

本任务主要学习智能家庭网络系统的结构及常用设备，对智能家庭网络及网络设备的选用有一个全面的认识，能根据工程需求合理选择智能家庭网络产品。

【任务目标】

知识目标：

(1) 了解智能家庭网络系统常用设备；

(2) 掌握智能家庭网络系统的组成架框。

能力目标：

(1) 能说出智能家庭网络系统常用设备；

(2) 能说出智能家庭网络系统的组成架构。

素养目标：

(1) 增强语言表达能力；

(2) 增强勇于探索的创新精神。

思政目标：

(1) 培养绿色节能的环保意识；

(2) 树立爱岗敬业的职业精神。

【建议学时】

2～4 学时。

【思维导图】

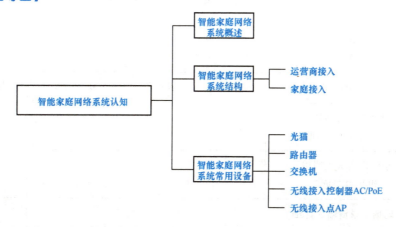

任务工单

任务名称	智能家庭网络系统认知		
学生姓名		班级	学号

同组成员	
实训地点	智能家居体验厅

<table>
<tr><td rowspan="4">任务研究</td><td>任务介绍</td><td>智能家居体验厅面积为 150 m²，配套智能家庭网络系统。邀请学生进入智能家居体验厅，观察认识智能家庭网络系统</td></tr>
<tr><td>任务目标</td><td>1. 了解家庭局域网知识；
2. 掌握智能家庭网络系统的结构；
3. 掌握智能家庭网络系统的原理；
4. 掌握智能家庭网络系统中常用设备</td></tr>
<tr><td>任务分工</td><td>分组讨论，然后独立完成任务</td></tr>
</table>

<table>
<tr><td rowspan="2">任务实施</td><td>实施步骤</td><td>1. 课前学习。课前查阅、浏览智能家庭网络系统相关资料，预习本任务知识点内容。
2. 现场体验记录。体验智能家庭网络系统、观察智能家庭网络系统常用设备，做好体验记录。
3. 问题及疑惑记录。记录现场观察中的问题及疑惑，并现场讨论</td></tr>
<tr><td>提交成果</td><td></td></tr>
</table>

<table>
<tr><td rowspan="6">任务评价</td><td>评价内容</td><td>分值</td><td>自我评价</td><td>小组评价</td><td>教师评价</td></tr>
<tr><td>按时完成实训任务，服从安排管理</td><td>15</td><td></td><td></td><td></td></tr>
<tr><td>小组成员分工明确，组员参与度高</td><td>20</td><td></td><td></td><td></td></tr>
<tr><td>现场记录清晰、详细</td><td>15</td><td></td><td></td><td></td></tr>
<tr><td>成果提交质量好</td><td>50</td><td></td><td></td><td></td></tr>
<tr><td colspan="2" style="text-align:center">合计</td><td></td><td></td><td></td></tr>
</table>

知识链接

3.1.1 智能家庭网络系统概述

智能家庭网络作为接入互联网的家庭局域网，可以分为有线局域网和无线局域网。

（1）有线局域网：是指通过网络线缆（如双绞线）将分布在不同物理位置的电脑、打印机等网络设备进行连接。有线局域网具有稳定性好、时延低、速率高的优点，但由于采用有线连接，具有布线复杂、空间灵活性差的缺点（图 3-1）。

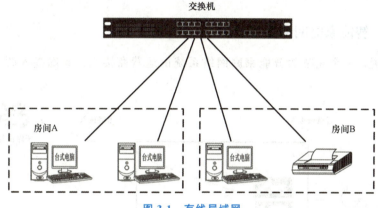

图 3-1　有线局域网

（2）无线局域网（Wireless Local Area Network，WLAN）：是指通过无线技术构建的无线局域网。广义上是指以无线电波、激光、红外线等无线信号来替代有线局域网中的部分或全部传输介质所构成的网络。无线局域网具有方便接入、便于覆盖、覆盖区内自由移动的优点，但由于采用无线方式，在覆盖范围、网络稳定、传输速率上具有一定的局限性（图 3-2）。

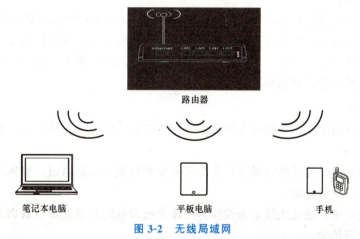

图 3-2　无线局域网

随着步入智能家居时代，人们除手机、笔记本电脑需要网络接入外，分布在不同位置的智能家居产品，如智慧灯光、智慧窗帘、智慧门锁等系统设备，也需要接入网络。因此，传统家庭 Wi-Fi 网络覆盖（单体 Wi-Fi 路由模式）在覆盖范围、稳定性、网络速率等性能上，已不能满足智能家居网络需求。特别是在大户型、别墅等场景下，由于墙体多，必然会导致 Wi-Fi 网络出现覆盖盲区。

那能否通过提升 Wi-Fi 路由器的发射功率来解决这一问题？

根据国家标准规定，Wi-Fi 路由器发射功率是有严格限制的。无论是价格高的 Wi-Fi 路由器还是市面上具有强穿透力的 Wi-Fi 路由器，在规定的信号发射功率上，信号通过两堵墙后，必然会出现严重的衰减。

为了实现稳定、低时延、高速率的智能家庭网络的 Wi-Fi 全覆盖，同时，也为了践行"绿色""环保""高效""节能"的社会理念，可以在增添智能型路由器的数量和创新全新的组网方式上进行设计。

3.1.2 智能家庭网络系统结构

一般来说，一个完整的智能家庭网络系统由运营商接入、家庭接入两个部分组成（图 3-3）。

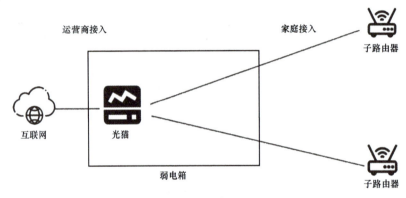

图 3-3　智能家庭网络系统结构

1. 运营商接入

主要是通过光猫把家庭网络与网络业务提供商（Internet Service Provider，ISP）进行连接，用户通过 ISP 实现对 Internet 的访问，而我国的 ISP 主要由移动、电信、联通三家运营商提供服务。目前，运营商正全面普及光纤入户的服务。即运营商将用于网络传输的介质光纤放置在家庭的弱电箱中。

2. 家庭接入

主要是通过路由器、交换机等网络设备构建的有线信道或无线信道，实现智能家居终端的网络接入。

（1）有线信道：通过网线或光纤作为传输介质构成的信息通道，数据通常以电信号或光信号的方式进行传输。

（2）无线信道：通过无线电磁波作为传输介质构成的信息通道，数据通常以电磁波信号的方式进行传输。

3.1.3 智能家庭网络系统常用设备

智能家庭网络系统常用的设备包括光猫、路由器、交换机、无线接入控制器、以太网供电（AC，Access Controller；PoE，Power over Ethernet，AC/PoE）、无线接入点（Access Point，AP）。

1. 光猫

光猫又称家庭网关，是一种调制解调器，它负责将通过光纤传送的数字信号与模拟信号之间进行转换，在发送端通过调制将数字信号转换为模拟信号（光信号），而在接收端通过解调再将模拟信号转换为数字信号，通俗地说就是数字信号与模拟信号的"翻译员"。同时，有的光猫还集成 Wi-Fi、语音接入等功能（图 3-4）。

图 3-4 常见的光猫

2. 路由器

路由器是一种基于 IP 地址转发的网络设备。

（1）IP 地址：IP 协议规定网络上所有的设备都必须具有一个独一无二的 IP 地址，就如同邮件必须注明收件人地址，邮递员才能将邮件送到。同理，每个 IP 信息包都必须包含目的设备的 IP 地址，信息包才可以正确地送达目的地。同一设备不能拥有多个 IP 地址，所有使用 IP 的网络设备至少有一个唯一的 IP 地址。

（2）路由：是指路由器从一个接口上收到数据包，根据数据包的目的地址进行定向并转发到另一个接口的过程。

在家庭使用场景中，路由器与光猫进行连接，构成连接互联网的设备。它可以自动配置网关信息，实现访问互联网的功能。路由器有两种类型的接口：WAN、LAN。WAN 接口与光猫进行连接，实现数据的转发功能。LAN 接口与家庭的终端设备进行连接，实现数据的转发功能。一般所指的路由器都具有 Wi-Fi 功能，为手机、笔记本计算机等智能设备提供 Wi-Fi 网络的接入（图 3-5）。

图 3-5 常见的路由器

3. 交换机

交换机是一种基于 MAC 地址表进行转发的网络设备。

MAC 地址又称物理地址、硬件地址。网络中每台设备都有一个唯一的网络标识，由网络设备制造商生产时写在硬件内部。相比于 IP 地址，MAC 相当于身份证上的号码，设备的 MAC 地址具有固定性和唯一性。IP 地址相当于身份证上的名字和家庭住址，设备的通信必须有一个 IP 地址，但是在不同的网络中可以根据网络类型重新进行 IP 地址的划分。

在家庭使用场景中，交换机主要起到转发功能，它具有上行接口和下行接口两种类型。交换机的上行接口一般可以与光猫、路由器进行连接，接入互联网，下行接口一般与家庭终端设备进行连接，实现数据的转发功能。同时，交换机还可以起到扩大网络接口的作用，能为众多的网络设备提供接口，常用的交换机有 8 口（图 3-6）、16 口、24 口、32 口。

图 3-6　常见的 8 口交换机

4. 无线接入控制器 AC/PoE

无线接入控制器是无线局域网接入控制设备。其作用是负责把来自不同 AP 的数据进行汇聚并接入 Internet，同时完成无线智能控制器设备的配置管理、无线用户的认证、管理及宽带访问、安全等控制功能。其提供大容量、高性能、高可靠性、易安装、易维护的无线数据控制业务。

以太网供电是指通过以太网网络进行供电，也被称为基于局域网的供电系统（Power over LAN，PoL）或有源以太网（Active Ethernet）。PoE 允许电功率通过传输数据的线路或空闲线路传输到终端设备。在 WLAN 网络中，可以通过 PoE 交换机对 AP 设备进行供电（图 3-7）。

图 3-7　AC/PoE 路由一体机

5. 无线接入点 AP

无线接入点是一个无线网络的接入点，俗称"热点"。它能够独立完成用户接入、认证、数据安全、业务转发和 QoS 等功能。AP 分为吸顶式 AP 和墙面式 AP，分别用于不同家庭场景。一般吸顶式 AP 覆盖范围广，常用于客厅、餐厅等大面积区域（图 3-8）；墙面式 AP 常用于卧室、书房等面积较小的区域（图 3-9）。

图 3-8　吸顶式 AP　　　　　　　　图 3-9　墙面式 AP

课后练习

1. 填空题

（1）智能家庭网络作为接入互联网的家庭局域网，可以分为_____和_____。

（2）智能家庭网络系统常用的设备包括_____、_____、_____、_____、_____。

2. 问答题

（1）能否通过提升 Wi-Fi 路由器的发射功率，解决智能家居中的 Wi-Fi 覆盖不全的问题？为什么？

（2）有线局域网和无线局域网分别是什么？它们各有什么优点和缺点？

（3）路由器和交换机分别基于什么转发？有什么区别？

拓展知识

资源名称	智能家居网络	宽带选择	网络设备选型
资源类型	视频	视频	视频
资源二维码			

 任务 3.2　智能家庭网络系统组网

任务信息

【任务说明】

本任务主要学习智能家庭网络系统的组网方案，掌握不同组网方案的原理，能够根据不同的家庭场景选择合适的组网方案并完成组网搭建。

【任务目标】

知识目标：

（1）了解智能家庭网络系统的组网方式；

（2）掌握智能家庭网络系统的组网原理。

能力目标：

（1）能根据实际场景，选择合适的组网方案；

（2）能绘制智能家庭网络系统组网原理图。

素养目标：

（1）培养严谨、细心、精益求精的良好品质；

（2）具备智能家居网络设计能力。

思政目标：

（1）培养创新精神和创新能力；

（2）增强职业认同感。

【建议学时】

2～4 学时。

【思维导图】

任务工单

任务名称		智能家庭网络系统组网			
学生姓名			班级		学号	
同组成员					
实训地点		智慧教室			

<table>
<tr><td rowspan="4">任务研究</td><td>任务介绍</td><td colspan="4">通过展示不同类型的智能家庭网络系统组网方案，区分不同组网方案的优势与使用场景</td></tr>
<tr><td>任务目标</td><td colspan="4">1. 掌握智能家庭网络系统组网类型；
2. 掌握智能家庭网络系统三种组网方案原理</td></tr>
<tr><td>任务分工</td><td colspan="4">分组讨论，然后独立完成任务</td></tr>
</table>

<table>
<tr><td rowspan="2">任务实施</td><td>实施步骤</td><td colspan="4">1. 课前学习。课前查阅、浏览智能家庭网络系统组网的相关资料，预习本任务内容。
2. 现场实操讲解。选取 AC＋AP 组网和 Mesh 组网进行现场实物接线，讲解组网原理。
3. 问题及疑惑记录。记录现场观察、实操中的问题及疑惑</td></tr>
<tr><td>提交成果</td><td colspan="4"></td></tr>
</table>

任务评价	评价内容	分值	自我评价	小组评价	教师评价
	具备认真严谨的职业态度	15			
	按时完成实训任务，服从安排管理	20			
	小组成员分工明确，组员参与度高	15			
	成果提交质量好	50			
	合计				

3.2.1 智能家庭网络系统的组网类型

智能家庭网络系统的组网类型分为 AC＋AP 组网、Mesh 组网、FTTR 组网三种。

智能家庭网络系统的组网选择并非一成不变，而是根据实际项目情况和客户需求综合考量。最终在设计和实践上，完成项目组网创新设计。

3.2.2 智能家庭网络系统的组网原理

1. AC＋AP 组网原理

AC＋AP 组网是以无线接入控制器 AC/PoE 为核心的网络组网方式，适用于大户型和别墅场景，如图 3-10 所示。

AC/PoE 路由一体机放置在家庭弱电箱中，其下行接口通过超五类或六类网线与客厅、卧室等房间中的 AP 设备直接连接，实现对 AP 设备的供电、数据转发、信息认证、安全管控及带宽控制。同时，也为房间中的预留网络面板提供接口。上行接口通过超五类或六类网线与光猫进行连接，光猫在接收到数据转发后，将数据进行光/电或电/光信号的转换，实现互联网的访问。

无线接入点 AP 则是通过无线信道与智能家居产品建立连接，完成对产品接入的认证与数据交换。

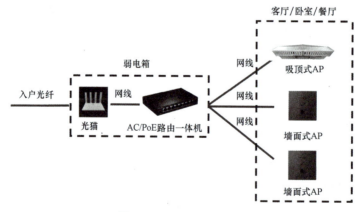

图 3-10　AC＋AP 组网图

（1）AC＋AP 组网具有以下优点：

1）美观。吸顶式 AP 置于墙面顶部，连接的网线可以从房间吊顶走线，墙面式 AP 置于墙面上，可直接安装在墙面预留的网线凹槽内。因此，在房间内无网线外漏，起到美化作用。

2）无缝漫游。AC＋AP 组网方式采用统一的 SSID，并能读取连接终端设备的信号强度，从而实现让终端设备与相邻的 AP 之间的无缝漫游。

3）AC 实现统一管理。AC 可以对各 AP 的功率信号进行调节，使网络更加稳定。

4）PoE 供电。AP 可实现 PoE 供电，实现网线供电，无须额外供电。

（2）AC＋AP组网具有以下缺点：

1）价格高。AC与AP的设备价格偏高。

2）散热不良。由于墙面式AP嵌入墙面的安装方式，使设备散热成为一个重要问题。

2. Mesh组网原理

Mesh组网是以主路由和交换机为核心的网络组网方式，适用于小、中、大户型场景，如图3-11所示。

Mesh组网中将主路由放置在客厅，光猫和交换机放置在家庭弱电箱，子路由和预留网络面板设置在各个房间。主路由采用"一出一进"的回程方式，通过超五类或六类网线将主路由的WAN口与光猫的电接口连接，主路由的LAN口与交换机上行端口连接。各个房间处的预留网络面板、子路由的WAN口和交换机的下行端口进行连接，从而实现家庭数据转发和互联网访问。

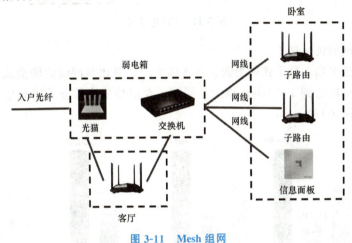

图3-11　Mesh组网

（1）Mesh组网具有以下优点：

1）价格低。相比于AC＋AP组网方式，Mesh组网设备的价格较低。

2）网络性能好。相比于AP面板，路由器在性能、覆盖强度、散热方面更具优势。

3）智能组网。Mesh组网会根据路由器摆放位置，自动构建最优网络结构。

4）专用回程。Mesh组网采用有线回程，在网络稳定性上具有一定的优势。

5）安装方便。路由器仅需要插入网线，即可实现配置使用。

（2）Mesh组网具有以下缺点：

1）不美观。所有的路由器都需要进行网线连接，因此连接的网线裸露在外，不美观。

2）预埋网线。Mesh组网在搭建前，需要在水电走线时，提前确定点位和网络布线。

3. FTTR组网原理

FTTR（Fiber to The Room）是千兆时代家庭网络的新型网络覆盖模式，它基于FTTB（光纤到楼）和FTTH（光纤到户）的覆盖模式，将光纤进一步布设至用户家中的每一个房间，使每一个房间均可达到千兆光纤网速，实现全屋Wi-Fi 6000兆全覆盖。

在 FTTR 组网中，将主光猫（主 FTTR）放置在客厅，上行数据以光信号的形式，通过光纤与运营商网络进行连接，下行数据同样以光信号的形式，通过光配线盒实现与各个房间的光猫（从 FTTR）连接，而家庭设备主要通过无线信号与主/从光猫连接（图 3-12）。

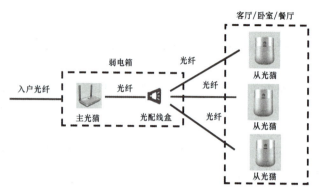

图 3-12　FTTR 组网

FTTR 组网的优点如下：

（1）传输速率高、抗干扰能力强、覆盖能力广。对比与网线传输模式，FTTR 在理论传输速率上可以达到 100 Gbps 以上。同时，在信号传输部分采用光信号，抗干扰能力显著提升（图 3-13）。

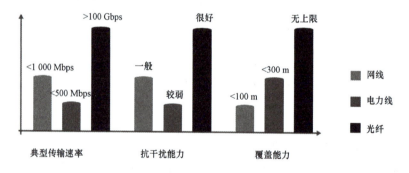

图 3-13　传输速率高、抗干扰能力强、覆盖能力广

（2）大带宽。配合 Wi-Fi 6 光猫使用，可实现 160 MHz 的带宽和千兆以上的传输速率（图 3-14）。

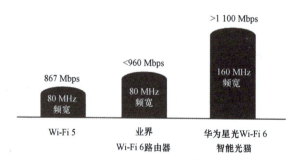

图 3-14　大带宽

（3）无缝漫游。在家庭覆盖范围内，实现移动不掉线，切换无感知。

（4）美观性好，施工便捷。可以采用明/暗线安装，暗线布线可跟随电力线，明线布线采用隐形光纤，不影响美观（图 3-15）。

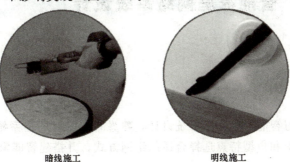

暗线施工　　　　　　　明线施工

图 3-15　施工方式

 课后练习

1. 填空题

智能家庭网络系统的组网类型可分为_____、_____、_____。

2. 问答题

（1）详细描述 AC＋AP 组网的原理。

（2）详细描述 Mesh 组网的原理。

（3）详细描述 FTTR 组网的原理。

（4）根据所学内容，分别绘制 AC＋AP、Mesh、FTTR 三种组网的网络拓扑图。

任务 3.3   智能家庭网络系统设计

 任务信息

【任务说明】

本任务主要学习智能家庭网络系统设计，熟悉智能家庭网络系统设计流程、设计要求，能根据业主需求和户型特点选择合适的组网方式，并搭建智能家庭网络场景。

【任务目标】

知识目标：

（1）了解智能家庭网络方案设计程序；

（2）掌握智能家庭网络系统的设计要求。

能力目标：

（1）能设计不同的智能家庭网络场景；

（2）能绘制智能家庭网络系统施工图。

素养目标：

（1）遵守行业规范和标准；

（2）具备智能家居工程设计能力。

思政目标：

（1）培养创新意识；

（2）培养良好的职业修养。

【建议学时】

4 学时。

【思维导图】

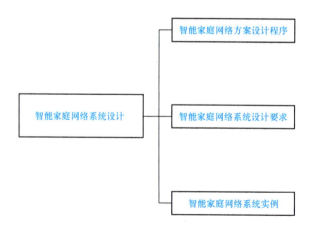

任务名称		智能家庭网络系统设计			
学生姓名		班级		学号	
同组成员					
实训地点		智慧教室			

任务研究	任务介绍	根据下面的图纸绘制智能家庭网络系统组网设计方案
	任务目标	1. 会分析客户需求； 2. 能选取合适的组网方式； 3. 能绘制组网方案设计图； 4. 能给出组网方案设备清单
	任务分工	分组讨论，然后独立完成任务
任务实施	实施步骤	1. 课前学习。课前查阅、浏览智能家庭网络系统设计的相关资料，预习本任务内容。 2. 需求分析与设计。根据给定需求，进行需求分析，完成初步设计。再根据初步设计与需求进行迭代完善设计。 3. 组网方案设备清单。根据迭代完成的设计方案，填写组网方案设备材料清单。 4. 问题及疑惑记录。记录现场观察及实操中的问题及疑惑
	提交成果	

	评价内容	分值	自我评价	小组评价	教师评价
任务评价	具备认真严谨的职业态度	15			
	按时完成实训任务，服从安排管理	20			
	小组成员分工明确，组员参与度高	15			
	成果提交质量好	50			
	合计				

 知识链接

3.3.1 智能家庭网络方案设计程序

智能家庭网络方案设计程序通常包括组网介绍、需求分析、初步设计、智能家庭网络方案深化设计、工地装修对接、产品安装及验收、调试及交付七个环节，视工程的规模大小、重要性和复杂程度可适当调整。

（1）组网介绍：现场讲解智能家庭网络组网方式，介绍不同组网的适用场景、性能特点及网络使用效果。

（2）需求分析：分析业主的房屋结构、装修风格、家庭成员情况及生活习惯等，掌握网络需求，量身打造全屋智能家庭网络场景。

（3）初步设计：根据需求提供专业智能家庭网络整体解决方案。

（4）智能家庭网络方案深化设计：通过需求分析为用户提供专业的智能家庭网络设计方案，包括出具 CAD 网络设备点位示意图、网络拓扑图、产品报价清单等内容。

（5）工地装修对接：为保证家庭网络设计方案顺利实施，需要对水电、木工等相关装修工作进行现场对接与验收，保证产品安装前项目按需求施工。

（6）产品安装及验收：按照施工图纸及施工工艺要求，进行项目安装及验收，保证产品的安装质量。

（7）调试及交付：安装完成后，进行网络测试，测试合格后交付。

3.3.2 智能家庭网络系统设计要求

1. AC＋AP 组网设计要求

（1）供电设计：AC/PoE 设备一般放置在弱电箱，需要为其设置电源接口；AP 设备一般采用 PoE 供电，不需要为其设计电源接口。

（2）走线设计：采用 AC＋AP 组网设计，需要水电施工同时入场，根据确定的点位进行网络布线。一般吸顶式 AP 布线在吊顶内，墙面式 AP 布线需对网线套管，走地面凹槽；注意网线需与电力线分开，避免干扰。

（3）网线选取：放置网线需要具有超强意识，应采用超五类、六类及以上规格的网线。

2. Mesh 组网设计要求

（1）设备位置选定：一般光猫和交换机放置在弱电箱，主路由放置在客厅或餐厅处，子路由放置在各个房间的桌面上，避免放置过高或置于地面。确保每个上网点距离最近路由器不超过两堵墙。

（2）供电设计：组网中涉及的网络设备均需要为其设计电源接口。

（3）走线设计：采用 Mesh 组网设计，需要水电施工同时入场，根据确定的点位进行网络布线，需对网线套管，走地面凹槽。

（4）接口设计：主路由和子路由均通过网络面板与其对应的设备进行连接。同时，需要为其他家庭网络设备预留网络面板。

（5）网线选取：放置网线需要具有超强意识，需采用超五类、六类以上规格的网线。

（6）路由器选择：一般采用千兆路由器。

3. FTTR 组网设计要求

（1）线缆设计：对于新房，可采用暗线走线的方式；对于旧房改造，采用明线走线方式。

（2）设备位置选定：一般主光猫放置在客厅或餐厅处，从光猫根据上网区域的优先级进行部署，优先部署在主卧、书房等区域；同一房间内不能放置 2 个及 2 个以上的光猫设备，否则会出现信号相互干扰；放置的位置在离地 0.5～1 m，且避免金属屏蔽罩遮挡，远离电磁设备。确保每个上网点距离最近光猫不超过两堵墙。

3.3.3　智能家庭网络系统实例

1. 案例图纸

案例图纸如图 3-16 所示。

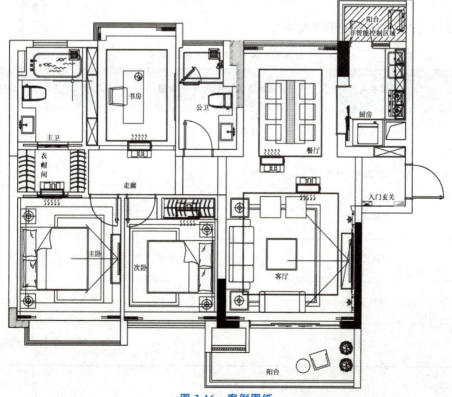

图 3-16　案例图纸

2. AC＋AP 组网方案

AC＋AP 组网方案如图 3-17 所示。

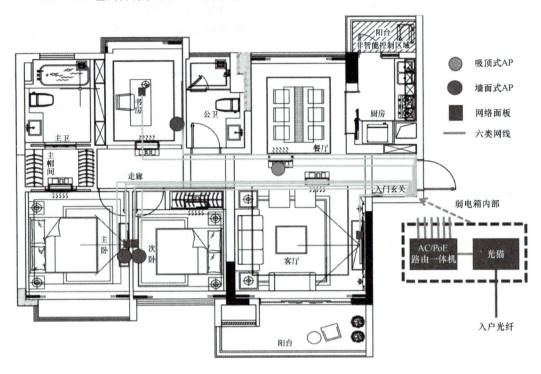

图 3-17　AC＋AP 组网方案

AC＋AP 组网方案清单见表 3-1。

表 3-1　AC＋AP 组网方案清单

序号	设备名称	设备品牌（型号）	数量	尺寸	价格
1	光猫	移动	1 个	＊＊×＊＊	—
2	AC/PoE 路由一体机	华为	1 个	＊＊×＊＊	＊＊＊元/个
3	吸顶式 AP	华为	1 个	＊＊×＊＊	＊＊＊元/个
4	墙面式 AP	华为	3 个	＊＊×＊＊	＊＊＊元/个
5	网络面板	—	4 个	＊＊×＊＊	＊＊＊元/个
6	六类网线	—	＊＊m	—	＊元/m

3. Mesh 组网方案

Mesh 组网方案如图 3-18 所示。

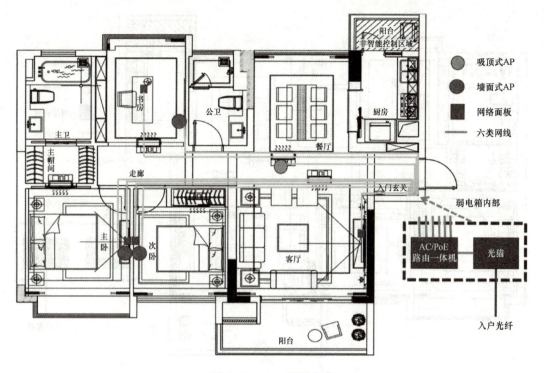

图 3-18 Mesh 组网方案

Mesh 组网方案清单见表 3-2。

表 3-2 Mesh 组网方案清单

序号	设备名称	设备品牌（型号）	数量	尺寸	价格
1	光猫	移动	1 个	＊＊×＊＊×＊＊	—
2	交换机	华为	1 个	＊＊×＊＊×＊＊	＊＊＊元/个
3	主路由	华为	1 个	＊＊×＊＊×＊＊	＊＊＊元/个
4	子路由	华为	3 个	＊＊×＊＊×＊＊	＊＊＊元/个
5	网络面板	—	10 个	＊＊×＊＊×＊＊	＊＊＊元/个
6	六类网线	—	＊＊m	—	＊＊＊元/m

4. FTTR 组网方案

FTTR 组网方案如图 3-19 所示。

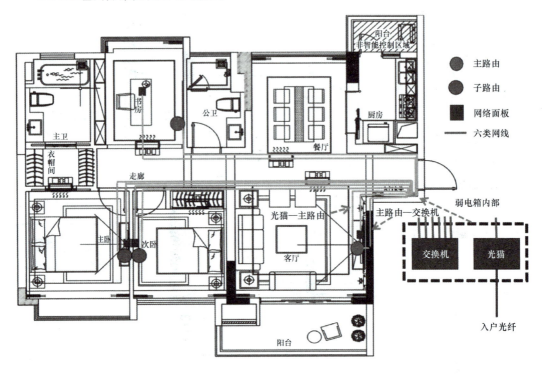

图 3-19 FTTR 组网方案

FTTR 组网方案清单见表 3-3。

表 3-3 FTTR 组网方案清单

序号	设备名称	设备品牌（型号）	数量	尺寸	价格
1	主 FTTR	华为	1 个	＊＊×＊＊×＊＊	＊＊＊元/个
2	从 FTTR	华为	6 个	＊＊×＊＊×＊＊	＊＊＊元/个
3	光配线盒	华为	2 个	＊＊×＊＊×＊＊	＊＊＊元/个
4	光纤	—	＊米	＊＊×＊＊×＊＊	＊＊＊元/m
5	网络面板	—	＊＊个	＊＊×＊＊×＊＊	＊＊＊元/个

 课后练习

1. 填空题

智能家庭网络方案设计一般程序应该有_____、_____、_____、_____、_____、_____、_____七个过程。

2. 实操题

(1) 根据案例图纸，绘制 FTTR 组网方案；

(2) 根据三种组网方案，使用 CAD 绘制方案。

项目 4　智能照明系统

项目描述 >>>

　　智能照明是智能家居中最重要的子系统之一，应用范围广泛。智能照明系统利用计算机、无线通信数据传输、电力载波通信技术、计算机智能化信息处理及节能型电器控制等技术组成的分布式照明控制系统来实现对照明设备的智能化控制，具备灯光亮度调节、灯光软启动、定时控制、场景设置等功能，并达到预定的照明场景。

　　通过本项目的学习，学习者将了解智能照明系统的特点、组成及常用器材；熟悉智能照明系统的控制原理及策略；掌握智能照明系统的设计方法，学习后将能完成智能照明系统的整体设计。

知识链接导图 >>>

任务 4.1　智能照明系统认知

任务信息

【任务说明】

本任务主要学习智能照明系统的结构组成及常用设备，对智能照明系统及照明设备的选用有一个全面的认识，能根据工程需求合理配置智能照明产品。

【任务目标】

知识目标：

(1) 了解智能照明的常用设备；

(2) 掌握智能照明系统的组成。

能力目标：

(1) 能说出智能照明的常用设备；

(2) 能进行智能照明设备选型。

素养目标：

(1) 增强语言表达能力；

(2) 增强勇于探索的创新精神。

思政目标：

(1) 培养绿色节能的环保意识；

(2) 树立爱岗敬业的职业精神。

【建议学时】

2～4 学时。

【思维导图】

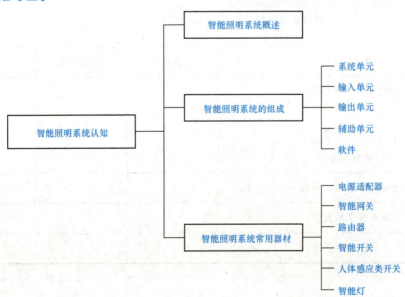

任务工单

任务名称	智能照明系统认知			
学生姓名		班级		学号	
同组成员				
实训地点	智能家居体验厅			

<table>
<tr><td rowspan="3">任务研究</td><td>任务介绍</td><td colspan="4">智能家居体验厅面积为 150 m^2，配套智能照明系统。邀请学生进入智能家居体验厅，认识智能照明系统</td></tr>
<tr><td>任务目标</td><td colspan="4">1. 了解智能照明系统功能；
2. 掌握智能照明系统组成；
3. 熟悉智能照明系统的常用器材</td></tr>
<tr><td>任务分工</td><td colspan="4">分组讨论，然后独立完成任务</td></tr>
<tr><td rowspan="2">任务实施</td><td>实施步骤</td><td colspan="4">1. 课前学习。课前查阅、浏览智能照明系统相关资料，预习本任务内容。
2. 现场体验记录。体验智能照明系统功能、观察智能照明系统设备，做好体验记录。
3. 现场讲解。讲解智能照明系统功能及设备，演示智能照明场景。
4. 问题及疑惑记录。记录现场观察中的问题及疑惑，并现场讨论</td></tr>
<tr><td>提交成果</td><td colspan="4">1. 课前预习成果导图；
2. 现场体验记录单；
3. 现场讲解智能照明系统的短视频</td></tr>
<tr><td rowspan="5">任务评价</td><td>评价内容</td><td>分值</td><td>自我评价</td><td>小组评价</td><td>教师评价</td></tr>
<tr><td>按时完成实训任务，服从安排管理</td><td>15</td><td></td><td></td><td></td></tr>
<tr><td>小组成员分工明确，组员参与度高</td><td>20</td><td></td><td></td><td></td></tr>
<tr><td>现场记录清晰、详细</td><td>15</td><td></td><td></td><td></td></tr>
<tr><td>成果提交质量好</td><td>50</td><td></td><td></td><td></td></tr>
<tr><td colspan="2" align="center">合计</td><td></td><td></td><td></td><td></td></tr>
</table>

4.1.1　智能照明系统概述

智能照明系统是利用先进电磁调压及电子感应技术，改善照明电路中不平衡负荷所带来的额外功耗，提高功率因数，降低灯具和线路的工作温度，达到优化供电目的的照明控制系统。

与传统照明系统相比，智能照明系统能够分析当前环境与个性需求，利用有线、无线控制等现代化技术实现对光源进行集中化、远程化与自动化管理，从而达到照明的高效性、节能性和环保性。其具有以下优点：

（1）自动调光功能：照明系统运行处于全自动状态，系统根据照度需要，按预先设置的若干照明场景自动切换，并将照度调整到最适宜的水平。

（2）节约能源：优先利用自然采光，达到节能目的，当天气发生变化时，系统自动调节照明开关，确保照度维持在预先设定的水平，智能照明控制一般可以节约 $20\%\sim40\%$ 的电能。

（3）提高灯泡使用寿命：在满足实际照度需求的前提下，对初装照明系统减少电力供应，降低光源的初始光通量，减少每个光源在整个寿命期间的电能消耗，从而使光源寿命延长 $2\sim4$ 倍，对于大量使用光源的区域具有重大意义。

（4）智能场景自由转换：智能照明系统可预先设置不同的场景功能，需要时在相应的控制面板、手机上进行操作，调入所需的场景即可，也可通过语音助理进行场景切换。

当前，在我国"绿色低碳""节能环保"等理念深入人心，如何实现"双碳"目标成为在全社会广泛思考和讨论的话题。智能照明系统作为建筑行业践行低碳转型的新趋势发挥着重要作用。

4.1.2　智能照明系统的组成

根据实际工程需求的不同，智能照明系统的组成也不完全相同，一般来说，一个完整的智能照明系统由系统单元、输入单元、输出单元、辅助单元、软件五部分组成，如图 4-1 所示。

（1）系统单元。系统单元用于提供工作电源及各种系统的接口，主要由电源模块、交换机、总线、PC 管理机、逻辑模块、各种协议网关（RS232、RS485、TCP/IP）、DALI 控制、DMX 控制等部分组成，如图 4-2 所示。

1）电源模块：用于给系统中各控制模块供电，保证正常工作。

2）交换机：提供以太网通信、远程调试、远程控制。

3）总线：主控制指令和光源状态参数双向传输的介质。

4）PC 管理机：通过计算机上的控制软件，实现对整个照明系统的管理和监测。

5）DALI 控制：通过 DALI 网关与 DALI 荧光灯电子镇流器、DALI LED 灯驱动器控制。

图 4-1　智能照明系统拓扑图

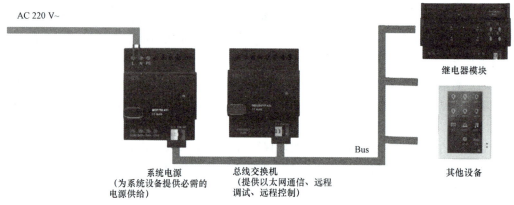

图 4-2　智能照明系统单元

（2）输入单元。输入单元用于将外部控制信号变成网络传输信号。其由控制面板、液晶触摸屏、各类传感器等设备组成。

1）液晶控制面板（图 4-3）：按下不同功能按键，调用相应程序，实现对应灯光场景控制，可进行多点控制、时序控制、存储多种亮模式等。

2）可编程多功能开关（图 4-4）：开/关、调光、定时、软启动/软关断等。

3）传感器（图 4-5）：红外传感器、动静传感器、照度传感器。

（3）输出单元。输出单元用于接收来自网络传输的信号，控制相应回路的输出以实现实时控制。输出单元由开关控制模块和调光模块组成。

1）开关控制模块：依据总线控制信号，由内部继电器控制各回路通断。

2）调光模块（图 4-6）：以负载电流为调节对象，控制输出电压平均幅度，调节光源亮度，除调光功能外，还可用作灯具的软启动、软关闭。

（4）辅助单元：遥控器、功率放大器等。

（5）软件：包括系统软件及应用软件。

图 4-3 液晶控制面板

图 4-4 可编程多功能开关

图 4-5 传感器

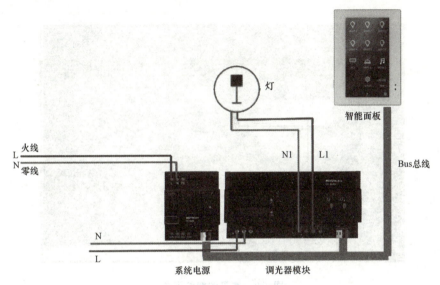

图 4-6 智能照明调光模块

4.1.3 智能照明系统常用器材

智能照明系统常用器材包括电源适配器、智能网关、路由器、智能开关、人体感应类开关、智能灯等。

（1）电源适配器。电源适配器又称外置电源，是小型的便携电子设备及电子电器的供电电压变换设备。

电源适配器是专门为小型电子电器供电的设备，其作用就是变压和整流，为电子电器提供工作需要的额定电压和电流。

各种常见的电源适配器如图 4-7 所示。

（2）智能网关。智能网关是智能家居系统的网络设备，是用户控制智能家居的桥梁，其主要功能是实现系统信息的采集、输入、输出、集中控制、远程控制、联动控制等。

智能网关的工作原理是将智能家居中的设备连接起来，可以控制和管理智能设备，具有无线转发和接收功能，能够在家中任意位置接收遥控器和无线开关发出的信号，控制相应的前端设备。智能网关还具备传统的路由器、CATV、IP 地址分配等功能。

常见的智能网关如图 4-8 所示。

图 4-7　各种常见的电源适配器

图 4-8　常见的智能网关

（3）路由器（图 4-9）。路由器是一种计算机网络设备，它能将数据包通过一个个网络传送至目的地，这个过程称为路由。

图 4-9　路由器

路由器是连接因特网中各局域网、广域网的设备，它会根据信道的情况自动选择和设定路由，以最佳路径，按前后顺序发送信号。

（4）智能开关（图 4-10）。智能开关是指利用控制板和电子元器件的组合与编程，实现电路智能开关控制的单元。

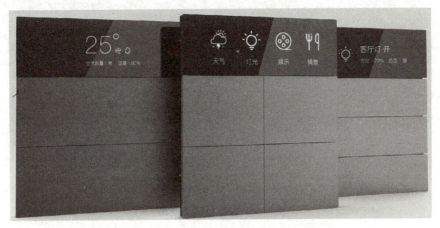

图 4-10　智能开关

智能开关的工作原理如下：

1）电力载波类。采用电力线传输信号，开关需要设置编码器，会受电力线杂波干扰，使工作十分不稳定，经常导致开关失控。

2）无线智能开关。采用射频方式传输信号，开关经常受无线电波干扰，使其频率稳定而容易失去控制，操作十分烦琐，此类开关需要添加一条零线，以达到多控、互控效果。

3）单火开关。单火开关内部集成了 1 个"可变电阻"，与灯泡是串联的，如果要关闭灯泡，就把电阻调得很大，接近断路，但不是断路，线路中还是有微小电流，可以给"控制芯片"供电（图 4-11）。

4）零火开关。"火线"和"零线"分别拉出一条线为"控制芯片"独立供电，当"开关"断开时，"控制芯片"仍然由"零线 A"和"火线 B"供电；当"开关"闭合时，"控制芯片"和"灯泡"均通电（图 4-12）。

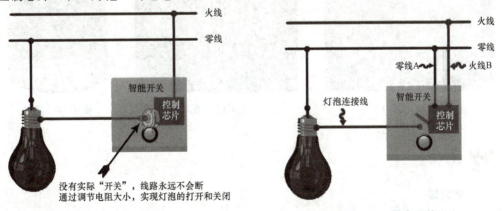

图 4-11　单火开关　　　　　　　　图 4-12　零火开关

（5）人体感应类开关（图 4-13）。人体感应类开关又称热释人体感应开关或红外智能开关。它是基于红外线技术的自动控制产品，当人进入感应范围时，专用传感器探测到人体红外光谱的变化，自动接通负载，人不离开感应范围，将持续接通；人离开后，延时自动关闭负载。

图 4-13　人体感应类开关

（6）智能灯。智能灯是一种可通过智能设备控制的照明产品，采用嵌入式物联网技术，将互通核心模块嵌入节能灯泡，具有智能化、可编程化的特点。

智能灯的工作原理是在智能灯内置的照度探测器对室内环境光进行检测，若亮度下降到设定阈值，则单片机将打开红外探测器电源。当被动红外探测器探测到人体信号，就会放大并输入单片机主控电路，单片机得到有效信号后，立即发出继电器闭合信号，接通照明电路，并且使该信号延迟一段时间。同时启动红外探测器扫描，如果在延时内某区域的主动探测器探测到人体红外信号，放大并输入单片机，单片机将触发输出延时，使该区域的继电器保持闭合，该区域保持持续照明。

智能灯包括 LED 灯、吊灯、筒灯（图 4-14～图 4-16）。

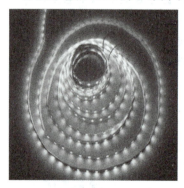

图 4-14　LED 灯

图 4-15　吊灯

图 4-16　筒灯

课后练习

1. 填空题

（1）智能照明是由_____、_____、_____、_____、_____五部分组成的。

（2）智能网关一般具有_____、_____等功能。

（3）智能照明系统单元主要由_____、_____、_____、_____、_____、_____等部分组成。

88

2. 问答题

（1）说出四种能将传统家居照明改造成智能照明的方式。

（2）智能开关有哪些控制方式？

（3）简述智能照明常见器材及其各自的功能特点。

 拓展知识

资源名称	智能照明系统概述	智能照明系统结构
资源类型	视频	视频
资源二维码		

任务4.2 智能照明系统控制原理及策略

任务信息

【任务说明】

本任务主要学习智能照明系统控制原理及控制策略，了解不同控制设备的作用、功能及接线方式，能根据实际工程需求选配智能照明设备，运用智能照明控制策略营造不同的氛围效果，搭建各具特色的智能照明场景。

【任务目标】

知识目标：

(1) 了解智能照明的控制原理；

(2) 掌握智能照明的控制策略；

(3) 熟悉智能照明模块接线要点。

能力目标：

(1) 能绘制智能照明的控制原理图；

(2) 能根据智能照明策略设计场景；

(3) 能完成智能照明模块的实物接线。

素养目标：

(1) 培养严谨、细心、精益求精的良好品质；

(2) 具备智能家居工程现场施工能力。

思政目标：

(1) 培养创新精神和创新能力；

(2) 增强职业认同感。

【建议学时】

2~4学时。

【思维导图】

📖 任务工单

任务名称	智能照明系统控制原理及策略		
学生姓名		班级	
同组成员			
实训地点	智能家居体验厅		

<table>
<tr><td rowspan="4">任务研究</td><td>任务介绍</td><td colspan="3">邀请学生进入智能家居体验厅，体验智能照明控制设备的运行原理，观察不同空间的场景控制方式</td></tr>
<tr><td>任务目标</td><td colspan="3">1. 了解智能照明的控制原理；
2. 掌握智能照明模块接线要点；
3. 能根据智能照明策略设计场景</td></tr>
<tr><td>任务分工</td><td colspan="3">分组讨论，然后独立完成任务</td></tr>
</table>

<table>
<tr><td rowspan="2">任务实施</td><td>实施步骤</td><td colspan="3">1. 课前学习。课前查阅、浏览智能照明控制原理与控制策略的相关资料，预习本任务内容。
2. 现场实操讲解。选取继电器模块、DMX调光模块进行现场实物接线，讲解控制原理。
3. 观察记录。观察智能家居体验厅中不同空间的场景控制方式，记录不同控制策略所营造的不同空间氛围效果。
4. 问题及疑惑记录。记录现场观察、实操中的问题及疑惑</td></tr>
<tr><td>提交成果</td><td colspan="3">1. 课前预习成果导图；
2. 现场实物接线视频；
3. 智能照明场景控制现场记录单</td></tr>
</table>

<table>
<tr><td rowspan="6">任务评价</td><td>评价内容</td><td>分值</td><td>自我评价</td><td>小组评价</td><td>教师评价</td></tr>
<tr><td>具备认真严谨的职业态度</td><td>15</td><td></td><td></td><td></td></tr>
<tr><td>按时完成实训任务，
服从安排管理</td><td>15</td><td></td><td></td><td></td></tr>
<tr><td>现场实物接线正确</td><td>20</td><td></td><td></td><td></td></tr>
<tr><td>成果提交质量好</td><td>50</td><td></td><td></td><td></td></tr>
<tr><td colspan="2" align="center">合计</td><td></td><td></td><td></td></tr>
</table>

4.2.1　智能照明控制原理——继电器控制

继电器控制按控制因素分为电流控制和电信号控制两种。

（1）电流控制。电流控制是以继电器为核心控制元件，继电器内部包含继电器线圈、常开触点和常闭触点。继电器线圈缠绕在一块铁心上，当线圈通电后，该铁心就具备磁性并吸引触点发生状态的改变，即所有的常开触点变为常闭状态，所有的常闭触点变为常开状态，将这些触点接入负载控制回路充当负载回路的开关控制节点，通过控制继电器线圈的带电情况即可实现对负载回路的通断控制。因此，可以对继电器线圈回路的通断进行控制进而完成对多个负载回路的同时控制。图 4-17 所示为以继电器为核心控制元件的电路控制方法。

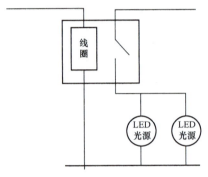

图 4-17　继电器控制原理

（2）电信号控制（图 4-18）。电信号控制是在继电器控制的基础上发展而来，其核心元器件是继电器和三极管。该控制电路引入了信号控制单元，通过信号控制模块采集控制信号并以高低电平输出的方式通过三极管输出控制电流，电流可以驱动继电器的线圈使其铁心产生磁性来控制继电器上常开、常闭触点的状态进而控制负载回路的通断。因此，电信号控制的核心原理就是通过信号控制模块对三极管高低电平的输入来控制继电器线圈带电情况进而控制负载回路的通断。

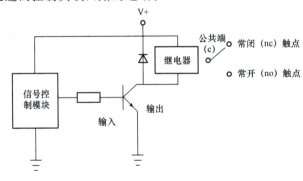

图 4-18　电信号控制原理

4.2.2 智能照明控制原理——DMX 调光模块控制

DMX 调光模块控制是以 DMX 调光控制器为核心的一种照明控制方式。如图 4-19 所示，DMX 控制器接入零线、火线及 485 控制信号线，输出直流电至 DMX 调光驱动器，DMX 调光驱动器接入直流电进行电路控制，同时接入交流电为负载灯具供电。整个控制过程通过 DMX 控制器对 DMX 调光驱动进行控制进而完成对负载的通断及调光控制。

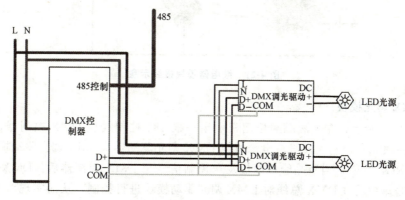

图 4-19　DMX 调光模块控制原理

DMX 调光模块具备基础的电路控制，同时也具备对 LED 光源的调光能力。DMX 调光模块利用二极管快速开关的特点，通过改变恒流源的脉冲宽度来调整电流的通断持续时间，进而调整 LED 光源明暗度，实现调光效果（图 4-20）。

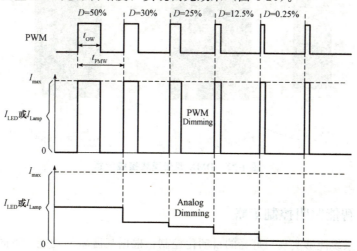

图 4-20　DMX 调光模块调整恒流源脉冲宽度示意

4.2.3 智能照明模块接线实例

1. 继电器模块

如图 4-21 所示，开关按钮引火线接入常开触点，出线至继电器的线圈再回到零线端，继电器的常开触点一端引一根火线，另一端出线至灯泡的火线接口再回到零线端。

当开关闭合时，继电器的线圈带电，辅助触点闭合，由常开变为常闭，此时负载灯泡回路通电，灯泡点亮；当开关断开以后，继电器线圈失电，辅助触点断开，负载灯泡回路同时失去电流，灯泡熄灭。

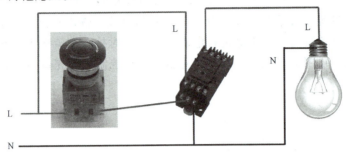

图 4-21　继电器模块接线示意

2. DMX 调光模块

如图 4-22 所示，左侧液晶触控面板引出一根 485 控制线至 DMX 控制器，DMX 控制器引出一根 485 控制线及直流电源线至 DMX 调光驱动器，DMX 调光驱动模块再引出控制线至 RGB 灯带；当液晶触控面板发送控制信号至 DMX 控制器后，DMX 控制器将信号进行编译并通过 DMX 总线对 DMX 调光驱动模块进行控制，从而实现对 RGB 灯带状态的控制。

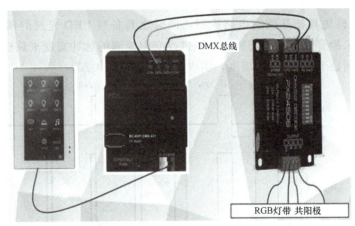

图 4-22　DMX 调光模块接线示意

4.2.4　智能照明控制策略

智能照明系统能够实现对灯光的自动化控制，根据某区域的功能、不同的时间、室外光亮度或该区域的用途等来控制照明。智能照明的控制策略主要分为典型控制和无线控制。

控制模块是智能照明系统的"大脑中枢"，其功能是为用户提供方便、高效的照明体验。因此，在设计智能照明系统时，一定要注重控制模块及策略的选择，用最简便的实现途径来换取最大的功效，实现便捷、高质量的生活。

1. 典型控制

（1）定时控制。定时控制分为计时器控制和定时管理控制。

1）计时器控制（图 4-23）：设定好时长后，灯具开启时启动计时器，计时结束灯具自动关闭。

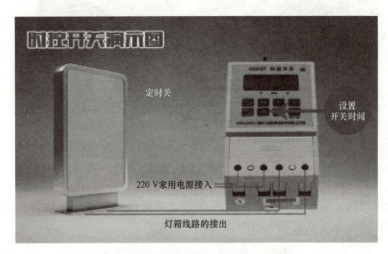

图 4-23 计时器控制

2）定时管理控制（图 4-24）：将灯光场景按不同的时间需求预先设定，到时开启，按时关闭。

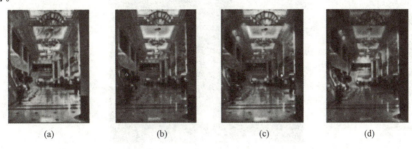

图 4-24 酒店大厅照明效果

（a）傍晚；（b）晚上；（c）深夜；（d）子夜

（2）场景控制。在同一空间区域，通过调用不同照明回路，改变灯光亮度、色彩，营造不同的空间氛围（图 4-25）。

图 4-25 公园照明效果

（3）照度控制。利用照度传感器感知周围环境光线强弱，自动调节灯具亮度，使空间照度始终保持在合理、舒适的程度（图 4-26）。

图 4-26　房间照度控制

（4）动静控制。利用动静传感器检测周围环境变化，检测到变化时自动开启灯具，延时后，灯具亮度降低或熄灭（图 4-27）。

图 4-27　红外传感器场景

2. 无线控制

（1）遥控控制。利用红外遥控器或无线遥控器对灯的工作状态进行无线控制（图 4-28、图 4-29）。

图 4-28　红外遥控器场景

红外遥控本质是光线遥控	
优点	缺点
电路简单	收发两端需对准
成本低	受角度限制
加大发射功率，延长遥控距离	易被障碍物阻挡

图 4-29　红外遥控的优点、缺点

（2）蓝牙控制。利用蓝牙技术规范对灯具的工作状态进行无线控制（图 4-30）。

图 4-30　蓝牙控制场景

（3）ZigBee 控制。利用 ZigBee 无线通信协议对灯具进行组网及工作状态控制。

 课后练习

1. 问答题

（1）说一说智能照明系统中常用的传感器。

（2）以典型照明控制为例，举例说明其功能特点。

（3）简述继电器模块控制原理。

（4）简述 DMX 调光模块控制原理。

2. 实操题

根据所提供的元器件及耗材（包括开关按钮、继电器、DMX 调光模块、照明灯、空气开关、线材等）完成继电器控制照明的实物接线实操。

 拓展知识

资源名称	智能照明控制方式	智能照明控制策略
资源类型	视频	视频
资源二维码		

任务4.3 智能照明系统设计

 **任务信息**

【任务说明】

本任务主要学习智能照明系统设计，熟悉智能照明系统设计程序与设计要求，能根据业主需求和户型特点设计功能场景，并能搭建家庭智能照明场景。

【任务目标】

知识目标：

（1）了解智能照明的设计程序；

（2）掌握智能照明系统的设计要求。

能力目标：

（1）能设计不同的智能照明场景；

（2）能配置智能照明系统功能。

素养目标：

（1）遵守行业规范和标准；

（2）具备智能家居工程设计能力。

思政目标：

（1）培养创新意识；

（2）培养良好的职业修养。

【建议学时】

4 学时。

【思维导图】

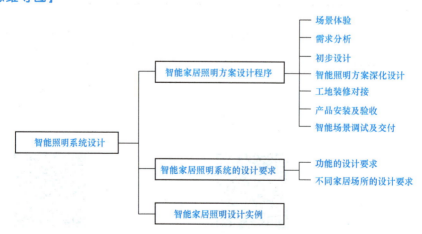

任务工单

任务名称	智能照明系统设计		
学生姓名		班级	
同组成员			
实训地点	智慧教室		

<table>
<tr><td rowspan="3">任务研究</td><td>任务介绍</td><td>

客户王先生购置了一套面积为 140 m² 的公寓式住宅，户型为两室两厅，一家三口居住（图纸如下），根据用户需求进行智能照明系统设计

（户型图）

</td></tr>
<tr><td>任务目标</td><td>

1. 分析用户需求；

2. 规划照明场景功能；

3. 绘制灯具点位图；

4. 编制灯具清单；

5. 设置照明规则和联动规则

</td></tr>
<tr><td>任务分工</td><td>分组讨论，然后独立完成任务</td></tr>
</table>

任务实施	实施步骤	1. 课前学习。课前查阅、浏览智能照明系统设计的相关资料，预习本任务内容。 2. 分析用户需求做记录。 3. 填写照明场景功能设备表。

序号	功能区域	场景模式	场景设备
①	客厅		
②	餐厅		
③	主卧		
④	次卧		
⑤	卫生间		
⑥	厨房		

4. 绘制灯具点位图。

5. 编制灯具清单。

6. 设置照明规则和联动规则。

7. 问题及疑惑记录。记录现场观察、实操中的问题及疑惑

提交成果

1. 用户分析思维导图；

2. 照明场景功能设备表；

3. 灯具点位图及清单；

4. 照明联动视频

任务评价	评价内容	分值	自我评价	小组评价	教师评价
	具备认真严谨的职业态度	15			
	按时完成实训任务，服从安排管理	20			
	小组成员分工明确，组员参与度高	15			
	成果提交质量好	50			
	合计				

 知识链接

4.3.1　智能家居照明方案设计程序

　　智能家居照明方案设计要符合《建筑照明设计标准》（GB/T 50034—2024）中的规定，智能家居照明方案设计一般程序分为场景体验、需求分析、初步设计、智能照明方案深化设计、工地装修对接、产品安装及验收、智能场景调试及交付七个环节，视工程的规模大小、重要性和复杂程度可适当调整。

　　（1）场景体验：由专业照明设计师现场讲解智能场景设计，介绍产品外观、性能、灯光效果。

（2）需求分析：分析业主的房屋结构、装修风格、家庭成员情况及生活习惯等，掌握用光需求，量身打造全屋智能灯光场景。

（3）初步设计：根据需求提供智能控制、交互类产品及灯具型材配件，提供专业智能照明整体解决方案。

（4）智能照明方案深化设计：照明设计师通过需求分析为用户提供专业的智能照明设计方案，包括出具 CAD 灯具点位示意图、整体光环境模拟及照度分析、智能灯光场景效果图及配置方案、产品报价清单等内容。

（5）工地装修对接：为保证照明设计方案顺利实施，照明设计师会在装修阶段对水电、木工等相关装修工作进行现场对接与验收，保证产品安装前项目按需求施工。

（6）产品安装及验收：按照施工图纸及施工工艺要求，进行项目安装及验收，保证产品的安装质量。

（7）智能场景调试及交付：安装完成后，进行网络适配及场景调试，实现全屋灯光场景的智能联动，让场景体验一触即达。现场由专业技术调试工程师讲解实操，降低后续使用难度。

4.3.2 智能家居照明系统的设计要求

（1）功能的设计要求。

1）集中控制：实现任何位置均可控制不同地方的灯，或在不同地方可以控制同一盏灯。

2）开关缓冲：灯亮或灯灭都有一个缓冲的过程。

3）感应控制：将卫生间、走廊及通道等公共区域的灯设置为感应控制状态。

4）明暗调节：灯光具备自动调节亮度功能，给人营造出舒适、宁静、和谐的氛围。

5）定时功能：可根据设定的时间，定时开启或关闭灯具。

6）情景调控：智能照明系统设计可实现多种照明情景，并且支持各种情景随意切换。

7）本地开关：智能照明系统在设计时应支持本地手动开关控制。

8）一键控制：整个照明系统的灯具可实现一键全开和一键全关功能。

9）红外、无线控制：可通过红外遥控和无线遥控实现全宅灯光的控制。

10）远程控制：可通过手机、平板电脑等移动设备进行远程控制。

（2）不同家居场所的设计要求。

1）客厅。客厅是家人休闲娱乐和会客的重要场所，客厅的照明设计应以明亮、实用和美观为主。

2）卧室。卧室光线应以柔和为主，避免眩光和杂散光，装饰灯主要用来烘托气氛。

3）书房。书房的灯光设计要从保护视力的角度出发，使灯具的主要照射与非主要照射面的照度比为 10∶1 左右。

4）卫生间。白天卫生间的灯光应以整洁、清新、明亮的基调为主，晚上则要以轻松、安静的基调为主。

5）餐厅。餐厅灯光色调应以柔和、宁静为主，以营造轻松自如的用餐氛围。

6）厨房。厨房需要无阴影的照明环境，既要兼顾实用性又要美观性，营造明亮、清新，整洁的视觉效果。

在设计智能照明方案时，应根据用户对智能照明功能的需求，以实用性、易用性和人性化为主进行设计，同时，也要具备创新意识，满足用户个性化需求。

4.3.3 智能家居照明设计实例

（1）案例介绍。

1）家庭成员：一家三口，分别为王先生、王太太和小宝。

2）户型：140 m²，两室两厅，夫妻住主卧、小宝住次卧。

3）家庭成员生活习惯：

①王先生工作繁忙，闲暇时会陪孩子玩耍给孩子讲故事；喜欢看书，休息日在家看电影或全家外出游玩。

②王太太在家照顾家庭，日常负责做饭、打扫卫生，爱好瑜伽。

③小宝很独立，喜欢独自玩玩具、睡觉。

（2）案例图纸（图 4-31）。

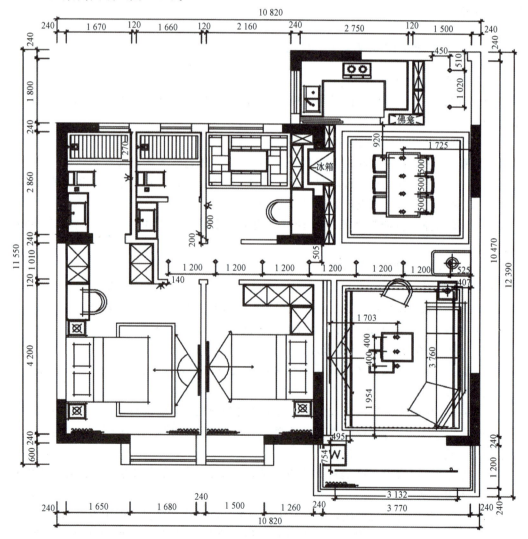

图 4-31 案例图纸

（3）案例分析。

第一步：规划照明场景功能。

根据王先生的生活习惯和照明要求，项目按照不同家居场所来设计控制功能，具体设计如下：

1）客厅照明设计思路。客厅是家庭会客的重要场所，在人们的日常生活中使用频率最高，它具有放松、游戏、娱乐等功能。作为整间屋子的中心，客厅值得人们更多关注。以往客厅的照明设计多以装饰灯具为主，凸显客厅的明亮与大气。根据用户王先生喜欢在家看电影的需求，在客厅设计了会客模式和观影模式，既满足日常生活又满足观影效果，通过一种灯光布局实现两种灯光体验。

①会客模式：客厅中一般用到的灯具包括射灯、泛光灯、调角射灯、幻彩灯带。在"会客模式"下，设置合适的色温和亮度，使客厅的灯光效果明快且温馨（图4-32）。

图 4-32　客厅会客模式

②观影模式：在设计"观影模式"时，借鉴电影院的彩光设计，将整体环境光调暗，将吊顶上的灯带设为彩色，同时在电视机背后的位置增加灯带，起到亮度过渡的作用，让用户感受到电影院的彩光氛围（图4-33）。

图 4-33　客厅观影模式

2）餐厅照明设计思路。餐厅是家庭聚餐的重要空间，用餐环境的好坏，光线是不可忽视的。利用灯光营造美好的就餐环境，让菜品看上去更加美味可口，就餐环境令人温馨愉悦，在设计时根据王太太的需求，采用色泽高显色性光源作为重点照明，搭配悬浮灯带增加空间氛围感，满足早餐、午餐、晚餐、浪漫、聚会等多种场景的灯光需求（图4-34）。

图4-34　餐厅照明设计

①就餐模式：在餐桌上方设计四盏24°光束、高显色性射灯作为餐桌的重点照明，凸显餐盘与食物材质、色泽，增进食欲。

②聚会模式：周围通过悬浮顶灯带，补充环境光与灯光层次，与客厅灯光互相交映，增加空间的氛围感与观赏性。

③多场景模式：通过智能灯光调光调色，设计多种照明场景，满足不同生活场景的光环境需求。

3）卧室照明设计思路。卧室设计的首要原则是健康舒适，利用光环境改善睡眠质量。卧室灯光一般用到吸顶灯、射灯、灯带、背景灯、台灯等，在灯光的选择上，暖光会使人放松，一般情况下，卧室灯光的色温不宜过高，以3 000～3 500 K为宜。入睡前，灯光的色温和亮度应随时间逐步降低，利于用户自然进入睡眠状态。根据王先生一家的作息时间，结合用户的睡眠习惯，设置阅读模式和助眠模式。

①阅读模式：点亮阅读区域的灯具即可，不过要确认此区域的照度是否满足了阅读照度的标准，建议选择色温在4 000～5 000 K的灯，这样可以使灯光更加柔和、舒适。

②助眠模式：根据用户的睡眠习惯设置助眠模式的开启和结束时间（图4-35）。

亮度随着时间逐渐变暗，色温慢慢降低，直到灯光全部关闭。

4）卫生间照明设计思路。卫生间灯光一般用到射灯、灯带、背景灯等。小卫生间一般在顶部设置一个普通的照明灯具。通常，小卫生间可设置一个三合一的集成灯具（照明、换气、风暖或灯暖）。王先生家卫生间做了干湿分区：干区设置一个照明，湿区设置换气扇和照明、灯暖或风暖，局部设置氛围灯。卫生间根据用户需求设置了洗浴模式、起夜模式。

①洗浴模式：白天进入卫生间，卫生间灯自动打开，离开后灯自动关闭。

②起夜模式：夜晚进入卫生间，墙灯/地灯会自动指引用户去卫生间，回到床上，灯自动关闭，避免强光和开灯的干扰（图4-36）。

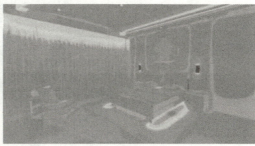

色温：射灯/壁灯/灯带 4 500 K
亮度：射灯/壁灯/灯带 100%

色温：射灯/壁灯/灯带 3 500 K
亮度：射灯/壁灯/灯带 50%

色温：射灯/壁灯/灯带 2 700 K
亮度：射灯/壁灯/灯带 1%

图 4-35　卧室睡眠模式

图 4-36　卫生间起夜模式

105

5）厨房照明设计思路。厨房是整个房子光线最亮的地方，应设置高度较高的灯光。一般厨房可划分为准备区、洗涤区、烹饪区三个功能区。厨房灯光设计通常按功能区进行重点照明。根据用户王太太对厨房照明的需求，分别在准备区（切菜）的操作台面的正上方安装灯具，避免因遮挡产生视觉盲区；在洗涤区（清洗食物、餐具）柜子下方安装灯具；烹饪区的顶部一般会安装吸油烟机，若吸油烟机自带灯具，则可以在附近的柜子底部安装灯具作为辅助照明。根据用户需求设置了做饭模式和洗刷模式（图 4-37）。

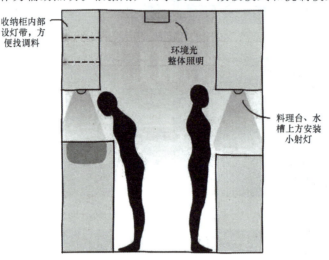

图 4-37　厨房照明设计

第二步：设计灯具点位图。

以本任务中的设计案例为例，绘制客厅、餐厅两个空间的灯具点位图（图 4-38）。针对客厅、餐厅两大空间，使用了灯带、轨道泛光灯、射灯、筒灯、轨道调角灯、轨道格栅射灯等灯具，确定好光源的空间布局和灯具类型后，将灯具进行分组。

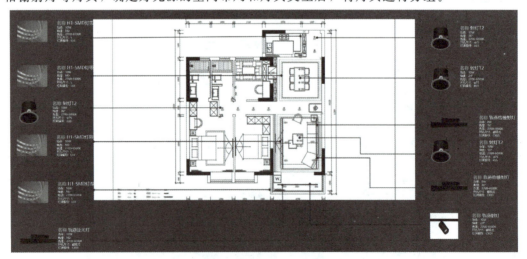

图 4-38　客厅、餐厅的灯具点位图

第三步：编制灯具清单。

完成场景功能设计与灯具点位图后，即可配置设备清单，市面上智能设备品牌众多。此处仅以一种满足大多数家庭需求的产品为例，仅供参考（表 4-1）。

表 4-1　灯具清单

灯具名称	灯具图片	色温 CCK/K	开孔尺寸/mm	功率/（W 或 W/m）	数量
射灯 36°		2 700～6 000	φ75	10	9
射灯 24°		2 700～6 000	φ75	10	7
射灯 15°		2 700～6 000	φ75	10	1
筒灯 60°		2 700～6 000	φ75	10	4
轨道泛光灯（60 mm）		2 700～6 000	磁吸式	16	2
轨道格栅射灯（12 头）		2 700～6 000	磁吸式	12	6
轨道调角灯		2 700～6 000	磁吸式	10	1
灯带		2 700～6 500	—	10	38

第四步：设置照明规则和联动规则。

1）连接设备至智能家居系统，按照产品使用说明，分别将智能灯具及其他智能设备通过网关接入智能家居系统。

2）灯具分组并设置智能场景，根据图纸将客厅、餐厅等不同空间的灯具分别添加到相应的功能分区里，并将灯组命名（图 4-39）。

3）配置灯具的色温和亮度（图 4-40）。

4）设置灯具和语音助手的联动规则。

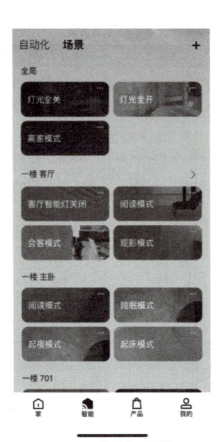

全局

灯光全美　　　　　灯光全开

离家模式

一楼 客厅　　　　　　　　　＞

客厅智能灯关闭　　　阅读模式

会客模式　　　　　观影模式

一楼 主卧

阅读模式　　　　　睡眠模式

起夜模式　　　　　起床模式

一楼 701

家　　　智能　　　产品　　　我的

图 4-39　灯具控制场景

＜　　　　　　　设置

设备名称　　　　　　　　色温灯8客厅 ＞

所属房间　　　　　　　　一楼 客厅 ＞

电器类型　　　　　　　　　未设置 ＞

定时开关　　　　　　　　　　　＞

缓亮　　　　　　　　　　　2 秒 ＞

缓灭　　　　　　　　　　　2 秒 ＞

支持的语音指令　　　　　　　　＞

查找设备　　　　　　　　　　　＞

设备信息　　　　　　　　　　　＞

常见问题　　　　　　　　　　　＞

在线客服　　　　　　　　　　　＞

删除设备

图 4-40　色温和亮度配置

 **课后练习**

实操题

请利用智能照明相关设备，自己创设一个联动情景模式，实现小型设备智能化，将如何实现的过程记录下来。

 拓展知识

资源名称	智能照明控制原理与安装	智能照明系统调试	智能照明系统场景设置
资源类型	视频	视频	视频
资源二维码			

项目 5　智能传感器

　　物联网是将各种信息传感设备和互联网结合起来形成的巨大网络。物联网的发展需要智能感知、识别和通信等技术支撑，而感知的关键就是传感器及相关技术。智能家居控制系统是"心脏"，而传感器是整个控制系统的"脉络"，掌握着整个系统的"中枢神经"，传感器技术的发展对于智能家居飞速发展的作用非同小可。本项目将讲解传感器的原理及其在智能家居系统中的应用。

　　通过本项目的学习，了解传感器的工作原理、不同类型，以及传感器在智能家居系统中的应用，为以后学习智能家居场景设计打下基础。

知识链接导图 ≫≫

 **任务信息**

【任务说明】

本任务主要学习智能传感器的组成、工作原理、特点及功能。

【任务目标】

知识目标：

（1）掌握智能传感器的组成结构；

（2）掌握智能传感器的工作原理；

（3）掌握智能传感器的功能。

能力目标：

（1）能描述智能传感器的组成结构；

（2）能描述智能传感器的工作原理；

（3）能描述智能传感器的功能。

素养目标：

（1）具有良好的倾听能力，能有效获取各种资讯；

（2）能快速接收新知识，并对新知识加以总结。

思政目标：

（1）拓展科技视野；

（2）培养应用能力。

【建议学时】

2～4 学时。

【思维导图】

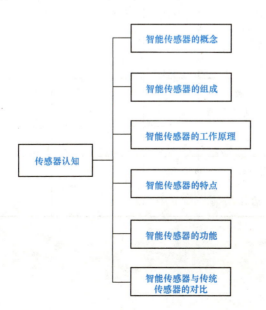

任务工单

任务名称		传感器认知		
学生姓名		班级	学号	
同组成员				
实训地点		智能家居多媒体教室		

任务研究	任务介绍	教师在多媒体教室讲解智能传感器理论知识，学生认真听课，归纳总结智能传感器的相关知识
	任务目标	1.掌握智能传感器的组成结构； 2.掌握智能传感器的工作原理； 3.掌握智能传感器的功能
	任务分工	分组讨论，然后独立完成任务

任务实施	实施步骤	1.课前学习。课前查阅、浏览智能家居相关资料，预习本任务知识点内容。 2.课堂教学。教师在多媒体教室讲解智能传感器理论知识，学生做好笔记，归纳总结智能传感器的知识。 3.问题及疑惑记录。记录课堂中的问题及疑惑，并现场讨论
	提交成果	1.总结智能传感器的组成结构； 2.绘制智能传感器的工作原理图

任务评价	评价内容	分值	自我评价	小组评价	教师评价
	按时完成实训任务，服从安排管理	15			
	小组成员分工明确，组员参与度高	20			
	现场记录清晰、详细	15			
	成果提交质量好	50			
	合计				

知识链接

5.1.1 智能传感器的概念

智能传感器（Intelligent Sensor）是一种集传感器和智能处理功能于一体的设备，可以感知环境中的物理量，并通过内置的处理单元进行数据处理和分析。如果智能家居想要达到人性化的应用，传感器的采集能力需要超越人类本身所能感知的局限。

5.1.2 智能传感器的组成

智能传感器由传感器元件、信号处理器、通信器、电源四个部分组成。

1. 传感器元件

传感器元件是智能传感器的核心部分，主要负责将环境、物体等信息转化为可测量的电信号。传感器元件种类繁多，包括温度传感器、湿度传感器、声音传感器、光电传感器、加速度传感器、气体传感器、压力传感器等。不同类型的传感器元件具有不同的测量原理和特点，可以适应不同的应用场景和需求。

2. 信号处理器

智能传感器的信号处理器主要负责对传感器元件采集的信号进行处理和分析，提取有用信息并进行处理。信号处理器通常包括放大器、滤波器、模数转换器、数字信号处理器等。通过信号处理器的处理，人们可以实现对传感器元件采集到的信号进行滤波、放大、去噪等操作，提高信号的质量和可靠性。

3. 通信器

智能传感器的通信器负责将采集到的数据传输到远程设备或云平台。通信器通常包括有线通信器和无线通信器两种。有线通信器通常采用串口、以太网等通信协议，无线通信器包括蓝牙、Wi-Fi等多种通信方式。通过通信器的传输，可以实现远程监控和控制，实现智能化的应用场景。

4. 电源

智能传感器的电源主要负责为传感器元件、信号处理器、通信器等部件提供所需的电力。电源通常包括电池、电源模块、光伏电池等多种形式。不同类型的电源形式可以适应不同的应用场景和需求。

5.1.3 智能传感器的工作原理

智能传感器的工作原理可以概括为感知环境、数据处理和结果输出三个主要步骤（图5-1）。

首先，智能传感器通过感知环境中的物理量来获取数据。它们可以感知温度、湿度、压力、光照强度、运动、声音等多种参数。为了实现这一功能，智能传感器内部通常包含了一个或多个传感器元件，如温度传感器、湿度传感器、压力传感器等。这些传感器元件会将环境中的物理量转化为电信号或数字信号。

其次，智能传感器会对感知到的数据进行处理和分析。这一步骤通常由内置的处理

113

单元完成，如微处理器或专用的数字信号处理器。处理单元可以对原始数据进行滤波、放大、校准等处理，以提高数据的准确性和可靠性。此外，智能传感器还可以应用一些算法和模型，对数据进行更高级的处理，如模式识别、数据压缩、异常检测等，以提取有用的信息。

最后，智能传感器将处理后的结果输出给用户或其他系统。结果输出可以采用多种形式，包括数字接口、模拟信号、无线通信等。用户可以通过连接到智能传感器的设备或应用程序获取数据，并做出相应的决策或采取措施。智能传感器还可以与其他智能设备或系统进行通信，实现信息的共享和协同工作。

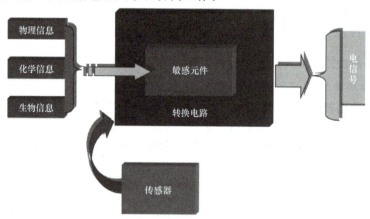

图 5-1　智能传感器的工作原理

5.1.4　智能传感器的特点

1. 高精度

智能传感器采用高精度的传感器元件和信号处理器，可实现高精度的测量和分析，提高测量数据的可靠性和准确性。

2. 多功能

智能传感器集传感器、信号处理器、通信器等多种功能于一体，可以实现多种功能的检测、采集、处理和传输，以适应不同的应用场景和需求。

3. 智能化

智能传感器采用智能化的算法和技术，可实现智能化的数据处理与分析，提高数据的可读性和可视化程度，实现智能化的应用场景。

4. 低功耗

智能传感器采用低功耗的设计和技术，可延长使用时间降低维护成本与能耗。

5. 通信能力强

智能传感器采用多种通信协议和技术，可实现远程监控和控制，提升使用的便捷性和灵活性。

5.1.5　智能传感器的功能

（1）自补偿能力：通过软件对传感器的非线性、温度漂移、时间漂移、响应时间等进行自动补偿。

（2）自校准功能：操作者输入零值或某一标准量值后，自校准软件可以自动地对传感器进行在线校准。

（3）自诊断功能：接通电源后，可对传感器进行自检，检查传感器各部分是否正常，并可诊断故障部件。

（4）数值处理功能：可以根据智能传感器内部的程序，自动处理数据，如进行统计处理，剔除异常值等。

（5）双向通信功能：微处理器与基本传感器构成闭环，微处理机不但能接收、处理传感器的数据，还可将信息反馈至传感器，对测量过程进行调节和控制。

（6）信息存储和记忆功能：将接收到的数据和信息存储于内部，供内部程序的调用及处理。

（7）数字量输出功能：输出数字信号，便于与计算机或接口总线相连。

5.1.6 智能传感器与传统传感器的对比

智能传感器由传统传感器、微处理器（或微计算机）及相关电路结合构成，具有信息处理功能。它充分利用计算机的计算和存储能力，对传感器的数据进行处理，并能对自身的内部行为进行调节，使采集的数据最佳。

智能传感器带有微处理机，具有采集、处理、交换信息的能力，是传感器集成化与微处理机相结合的产物。

智能传感器能将检测到的各种物理量存储起来，并按照指令处理这些数据，从而创造出新数据。智能传感器之间能进行信息交互，并能自主筛选应该传送的数据，剔除异常数据，并完成分析和统计计算等。

与传统传感器相比，智能传感器具有以下三个优点：通过软件技术可实现高精度的信息采集，且成本低；具有一定的编程自动化能力；功能多样化（图 5-2）。

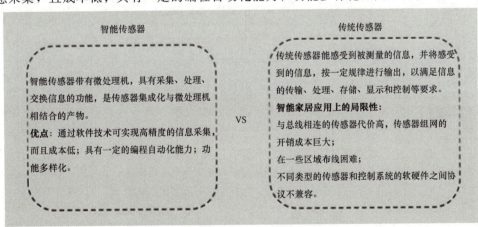

图 5-2 智能传感器与传统传感器的对比

智能传感器是智能家居的重要组成部分，是实现智能化场景、主动化控制的关键设备。智能传感器的应用，让智能家居在人机交互方面跨出了更远的一步。

课后练习

问答题

（1）智能传感器由哪几部分组成？它们分别具有哪些功能？

（2）智能传感器的工作原理是什么？

（3）智能传感器的特点有哪些？

 拓展知识

资源名称	智能窗帘特点及类型
资源类型	视频
资源二维码	 ![QR code]

 **任务信息**

【任务说明】

本任务主要学习传感器在智能家居中的应用，包括传感器的分类及各种传感器的功能。

【任务目标】

知识目标：

（1）掌握智能家居传感器的分类；

（2）掌握不同传感器的功能及应用。

能力目标：

（1）能够总结智能家居传感器的分类；

（2）能够描述各种传感器的功能及应用。

素养目标：

（1）具有良好的语言表达能力；

（2）培养团队合作意识；

（3）具备知识点的总结与应用能力。

思政目标：

（1）增强实践能力；

（2）培养创新意识。

【建议学时】

2～4 学时。

【思维导图】

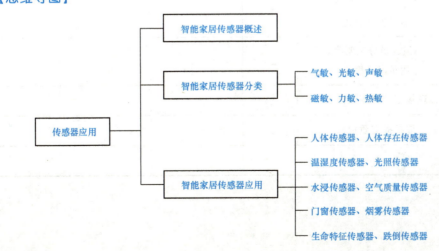

📖 任务工单

任务名称		传感器应用			
学生姓名		班级		学号	
同组成员					
实训地点		智能家居多媒体教室及智能家居体验厅			

任务研究	任务介绍	教师讲解智能家居里常见的传感器，学生掌握其特点及应用
	任务目标	1. 总结智能家居传感器的分类； 2. 掌握智能家居传感器的功能及应用
	任务分工	分组讨论，然后独立完成任务
任务实施	实施步骤	1. 课前学习。课前查阅、浏览智能家居相关资料，预习本任务知识点内容。 2. 现场教学及智能家居体验厅参观。认真听取教师讲解的内容，观看并体验智能传感器的应用。 3. 问题及疑惑记录。记录现场观察中的问题及疑惑，并现场讨论
	提交成果	1. 总结智能家居传感器的功能及应用； 2. 拍摄智能家居传感器的应用讲解小视频

	评价内容	分值	自我评价	小组评价	教师评价
任务评价	按时完成实训任务，服从安排管理	15			
	小组成员分工明确，组员参与度高	20			
	现场记录清晰、详细	15			
	成果提交质量好	50			
	合计				

5.2.1 智能家居传感器概述

智能家居的最高境界是无感且精准地满足需求，实现这一点离不开各种传感器的综合运用，它们如同智能家居的感知器官，通过模拟人类的视觉、听觉、嗅觉等感知能力，来接收环境中的各种数据，如温度、湿度、光线等（图5-3）。

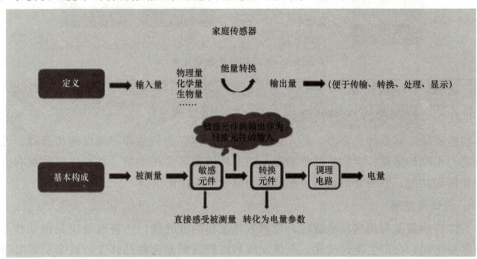

图5-3 智能家居传感器概述

5.2.2 智能家居传感器分类

智能家居传感器就像人的眼、耳、鼻、舌、皮肤，发挥着视觉、听觉、嗅觉、味觉、触觉等作用，承担着信息执行功能，满足人类基本需求（图5-4）。

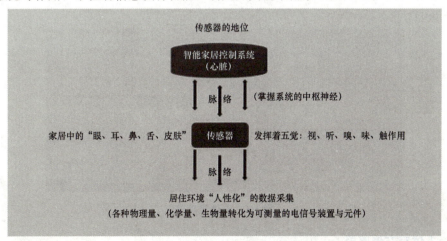

图5-4 智能家居传感器控制

智能家居传感器分为气敏传感器、光敏传感器、声敏传感器、磁敏传感器、力敏传感器、热敏传感器，具体应用在气体传感器、颗粒物传感器、人体感应传感器、安防传感器、环境传感器及其他传感器（图5-5）。

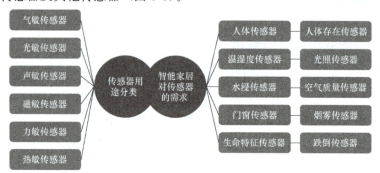

图 5-5　智能家居传感器分类

5.2.3　智能家居传感器应用

智能家居传感器种类繁多，有人体传感器、人体存在传感器、温湿度传感器、光照传感器、水浸传感器、空气质量传感器、门窗传感器等多种类型，每种传感器都有其独特的作用和功能，下面介绍各类传感器的功能及其应用场景。

1. 人体传感器

人体传感器是利用热释电效应，检测人体发出的红外线。热释电效应是指某些晶体在温度变化时，会产生电位变化。人体发出的红外线照到这些晶体上，就会引起电位变化，从而判断人体是否移动。但是这种传感器只能感应人体的移动，不能感应静止的人体。当检测到人体活动时，传感器会触发相应的操作，如开启灯光、启动警报、控制门窗等。例如，当人们进入房间时，人体传感器会感知到人的存在，并自动开启灯光、空调、窗帘等设备。当人体静止且无跨区域动作时就会判断为无人，当检测到人体有跨区域动作时（如挥手），传感器会向网关或服务器发送变化信号，触发相应动作。人体传感器的优势在于功能直接、反应迅速、价格较低，是相对使用最多的一个传感器（图5-6）。

图 5-6　人体传感器

2. 人体存在传感器

通过提取人体进入环境后的距离、相位、呼吸、心跳等电磁波反馈信号数据，进行算法对比处理，从而分析环境中是否有人存在（图5-7）。

图 5-7　人体存在传感器

3. 温湿度传感器

温湿度传感器是能将温度量和湿度量转换成便于测量处理的电信号的设备或装置，可以精准感知室内环境温湿度，与其他智能家电搭配使用，实现更多智能场景联动。例如，当室内温湿度过高或过低时，联动空调或空气净化器等智能设备自动开启，使室内环境更加健康、舒适（图 5-8）。

图 5-8　温湿度传感器

4. 光照传感器

光照传感器通过测量光线的强度来判断光照的程度，并将这些信息转化为电信号输出，并传输给智能家居系统或其他设备进行处理和控制，可以根据设定的光照阈值自动调节灯光设备的工作状态。例如，在白天阳光充足的时候，系统可以自动关闭室内灯光，以节省能源；在天黑或光照不足的时候，系统可以自动开启灯光，提供充足的照明（图 5-9）。

图 5-9　光照传感器

5. 水浸传感器

水浸传感器利用水的导电性，浸水时两个感应探头形成电流回路，从而产生报警信号，可应用于家中厨房、阳台等有水源区域，当检测到水浸时，发送报警信号，还可联动机械阀实现关闭水阀等操作（图5-10）。

图 5-10　水浸传感器

6. 空气质量传感器

空气质量传感器是能够感知环境中空气质量指标的设备，可用于检测空气中的各种污染物和指标，如颗粒物浓度、二氧化碳浓度、挥发性有机化合物（VOC）浓度、甲醛浓度等。通过与智能家居系统联动，可以实现自动调节空气净化器、通风系统等设备的工作状态，为用户提供更加健康和舒适的室内环境。当空气中的污染物浓度超过设定阈值时，系统可以自动开启空气净化器或通风系统，净化空气并提升室内空气质量（图5-11）。

图 5-11　空气质量传感器

7. 门窗传感器

门窗传感器的形式通常分为左右两部分，成对出现。两个部分可以通过磁力吸引在一起。当两个部分距离较远时，传感器被感知为"打开"（一半分开），而靠近时被感知为"关闭"（一半连接）。通过这两个条件，可以实现智能家居的很多自动化配置。例如，早上开窗通风，自动关闭空气净化器、加湿器、新风机、电暖器；出门在外，若阳台门窗打开时，系统会向手机发送通知，同时联动摄像头拍摄短视频发送至手机（图5-12）。

图 5-12　门窗传感器

8. 烟雾传感器

烟雾传感器可以为用户带来安全，在火情发生前为用户预警，例如，当检测到烟雾时，烟雾传感器就会立即触发家中的电器开关做出断电，做到将损失降低（图 5-13）。

图 5-13　烟雾传感器

9. 生命特征传感器

生命特征传感器可以对长者的睡眠过程进行实时的监测，实时记录呼吸、心跳频率，发现体征数据异常时就会及时告警（图 5-14）。

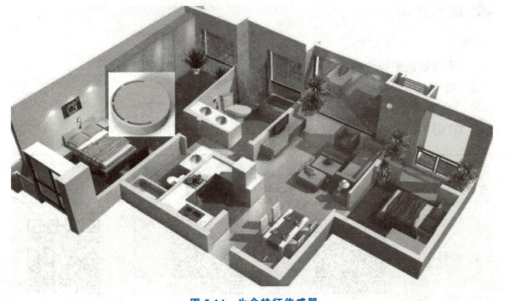

图 5-14　生命特征传感器

10. 跌倒传感器

跌倒传感器在不侵犯用户隐私的前提下进行监测，跌倒事件发生时，无须人员操作，系统会自动发出弹窗和蜂鸣告警，将跌倒事件及位置信息通知家中其他人员。跌倒传感器可以安装在卫浴间吊顶或墙面上。其可以识别多种姿势的跌倒（图5-15）。

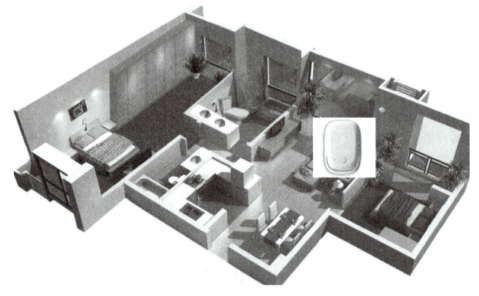

图 5-15　跌倒传感器

随着物联网技术的不断发展，智能传感器的应用前景非常广阔。在未来，智能传感器将更加智能化、小型化、低功耗化和多功能，以满足不同领域的需求。智能传感器还将与人工智能、大数据等技术相结合，实现更加智能化的数据处理和分析，为人们的生产和生活带来更多的便利和效益。

📖 课后练习

问答题

（1）简述智能家居传感器的分类。

（2）列举不同的智能家居传感器的功能和应用。

📖 拓展知识

资源名称	智能窗帘安装与调试	烟雾燃气报警原理及功能	燃气报警组成及安装要求
资源类型	视频	视频	视频
资源二维码			

项目 6 智能安防系统

项目描述 >>>

  智能安防系统是智能家居中重要的子系统之一，应用范围较广。无论是居家领域、公共区域还是关键场所，智能安防系统为各类场合的安全防范保驾护航。得益于互联网和大数据的迅速发展，现在的安防系统变得更加智能化，正在各个领域大显身手。

  通过本项目的学习，学习者将了解智能安防系统的结构及基本设备，掌握视频监控系统的控制原理，具备视频监控与智能门锁系统初步方案的设计能力。

知识链接导图 >>>

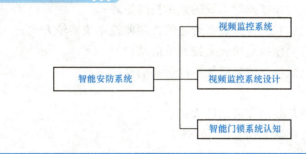

任务 6.1　视频监控系统

 **任务信息**

【任务说明】

本任务主要学习视频监控系统的基础知识，包括视频监控系统的控制原理和它的各类传输方式，能深入理解视频监控系统的原理，并能对各类传输方式的优点、缺点进行分析总结。

【任务目标】

知识目标：

(1) 了解视频监控系统的控制原理；

(2) 了解视频监控系统的传输方式；

(3) 了解视频监控的系统结构；

(4) 掌握视频监控系统的基本组成设备及其功能。

能力目标：

(1) 能说出视频监控系统的基本控制原理；

(2) 能根据实际情况选择合适的视频监控系统传输方式；

(3) 能准确地描述视频监控系统的结构；

(4) 能完成视频监控系统基础设备的选择。

素养目标：

(1) 具有良好语言表达能力；

(2) 培养团队合作意识。

思政目标：

(1) 培养求真务实的扎实态度；

(2) 树立爱岗敬业的职业精神。

【建议学时】

2～4 学时。

【思维导图】

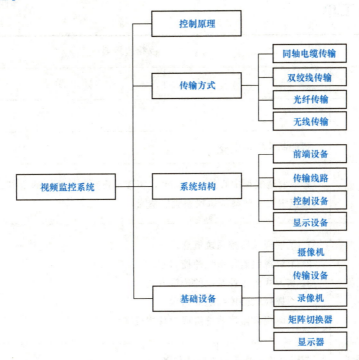

任务名称		视频监控系统			
学生姓名		班级		学号	
同组成员					
实训地点		智能制造实训中心			

任务研究	任务介绍	智能制造实训中心约 1 000 m²，实现了视频监控系统的全覆盖。邀请学生进入监控中心，观察认识视频监控系统
	任务目标	1. 了解视频监控系统概念； 2. 了解视频监控系统的控制原理； 3. 掌握视频监控系统的传输方式； 4. 掌握视频监控系统的结构； 5. 了解视频监控系统组成的具体设备
	任务分工	分组讨论，然后独立完成任务

任务实施	实施步骤	1. 课前学习。课前查阅、浏览视频监控系统相关资料，预习本任务知识点内容。 2. 现场观察记录。观察智能制造实训中心的视频监控点位，参观视频监控中心等并做记录。 3. 问题及疑惑记录。记录现场观察中的问题及疑惑，并现场讨论
	提交成果	1. 课前查阅的视频监控系统资料； 2. 实训中心视频监控点位的照片； 3. 对视频监控系统介绍的短视频

任务评价	评价内容	分值	自我评价	小组评价	教师评价
	按时完成实训任务，服从安排管理	15			
	小组成员分工明确，组员参与度高	20			
	现场记录清晰、详细	15			
	成果提交质量好	50			
	合计				

6.1.1　视频监控系统的控制原理

视频监控系统在日常生活中应用广泛，无论去医院、去银行，还是去超市都可以看到视频监控系统，那么视频监控系统的工作原理是什么呢？

视频监控系统由摄像、传输、控制、显示四大部分组成。摄像机通过同轴视频电缆将视频图像传输到控制主机，控制主机再将视频信号分配到各监视器及录像设备，同时可将需要传输的语音信号同步录入录像机。通过控制主机，操作人员可发出指令，对云台的上、下、左、右的动作进行控制及对镜头进行调焦变倍的操作，并可通过控制主机实现在多路摄像机及云台之间的切换。利用特殊的录像处理模式，可对图像进行录入、回放、处理等操作，使录像效果达到最佳。视频监控系统有多画面的监控效果，也有特定的电视墙显示模式等。

视频监控是各行业重点部门及重要场所进行实时监控的物理基础。管理部门可通过它获取有效数据、图像和声音信息，及时监视和存储突发性异常事件的过程，为高效指挥警力布置和案件处理等提供技术支持。随着计算机应用的迅速发展和推广，全球掀起了一股强大的数字化浪潮，设备数字化已成为安全防护的首要目标。视频监控系统所具备的特点是监控画面实时显示，录像图像质量具有单路调节功能，每路录像速度可分别设置，快速检索，多种录像方式设定功能，自动备份，云台、镜头控制功能，网络传输等。

通过加装时间发生器，将时间显示叠加到图像中，在线路较长时加装音视频放大器以确保音视频监控质量。数字监控的适用范围包括银行、证券营业场所、企事业单位、机关、商业场所内外部环境、楼宇通道、停车场、高档社区家庭内外部环境、图书馆、医院、公园。监控系统虽小，却在人们的生活中发挥着重要作用，它就像一双眼睛一样守护着我们的生活。我们也要像这一双双"眼睛"一样，在工作中坚守岗位、爱岗敬业，在学习中扎实奋进，在生活中保持着一颗阳光与善良的心（图6-1）。

图 6-1　视频监控系统的摄像机

6.1.2 视频监控系统的传输方式

（1）同轴电缆传输。同轴电缆传输是一种目前应用较少的传输方式。同轴电缆进行视频信号的传输时，短距离下传输图像具有信号损失小、造价低、系统稳定等优势。但是其传输距离短、布线量大、维护困难、可扩展性差，因此现在基本被淘汰（图6-2）。

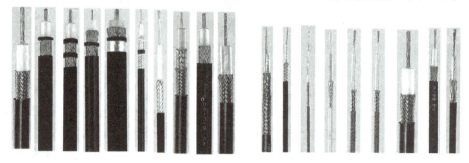

图6-2 同轴电缆

（2）双绞线传输。双绞线传输是现阶段室内传输或短距离传输的一种较为常见的方法，得益于双绞线的成熟技术及其本身的物理特性，双绞线传输具有布线简易、成本低、抗干扰性能强等优点，但是其具有传输距离短、抗老化能力差等缺点，不适用于野外传输也限制了其适用场地，一般用于室内短距离布线（图6-3）。

（3）光纤传输。光纤传输的特点是距离远、衰减小、抗干扰性能最好。它是远距离传输和高速传输的最佳选择，但是对于几千米内的监控信号传输成本较高，且光纤熔接及维护技术要求高，升级扩容困难，导致其普及率较低（图6-4）。

图6-3 双绞线

图6-4 光纤

（4）无线传输。无线传输主要是借助无线网络进行信号的传输，具有无需布线、成本低、适应性和拓展性好的优点。其缺点是容易受到外界电磁干扰，稳定性和可靠性较差。随着5G网络的发展，无线传输技术的发展和应用前景广阔，是小范围内进行信号传输的较好选择（图6-5）。

图6-5 无线网络

6.1.3 视频监控系统结构

视频监控系统是指一套完整的具备实时监控、信息传输及存储功能的结构系统。其结构划可分为前端设备、传输线路、控制设备和显示记录四层；涉及各类摄像机、网络设备、控制设备及显示设备（图6-6）。

（1）前端设备：主要由各类功能不同的摄像机组成，不同类型的摄像机因其内部传感器、镜头、支撑等不同，其所适用的场合也不同；这类摄像机统称为前端设备，是视频监控系统的"眼睛"，也称为"视觉器官"。结合大数据及其算法，可以实现一些智能化操作，如人脸识别、行人跟踪等，配备报警设备以后在安防领域更是大有可为。

（2）传输线路：是连接前端设备与监控主机的重要手段，也是监控系统实现远程控制不可或缺的组成部分，被称为视频监控系统的"神经网络"。网络传输线路分为无线和有线两种方式，无线传输无需复杂的布线，但是传输效果及稳定性相对较差；有线传输通过有线网络进行数据传输，适用于远距离传输，传输效果优于无线传输。

（3）控制设备：是视频监控系统的核心结构，是视频监控系统的"控制大脑"，其主要由计算机、存储设备、视频矩阵切换器及视频分配器组成。计算机可以对整个视频监控系统发布控制命令，对多个视频监控前端的内容进行查看和调出，是整个系统的核心。存储设备主要是用来存储从前端设备获取的视频录像，方便后期查看，为视频监控系统提供存储功能。视频矩阵切换器主要用来控制视频的输入，视频分配器主要完成视频的输出分配。

（4）显示记录是视频监控系统最直观的展现形式，显示设备便于值班人员直接观测，配合物理传感器可以有效预防意外情况的发生；存储硬盘则能对摄像机所拍摄的画面进行长时间存储，为特殊情况的处理提供数据支持。

视频监控系统是安全技术防范体系中的一个重要组成部分，是一种先进的、防范能力极强的综合系统。《视频安防监控系统工程设计规范》（GB 50395—2007）中将其定义为，视频监控系统是利用视频技术探测、监视设防区域，并实时显示和记录现场图像的电子系统或网络。

图 6-6　视频监控系统

6.1.4 视频监控系统的基础设备

全球摄像机是一种很常见的摄像机，这类摄像机分为高速球和匀速球两类，其外观呈椭圆球状，不同品牌及型号在外观上有所不同，且其图像质量较高，适用于大范围高速监控场所，如河流、森林、公路、铁路、机场、港口、岗哨、广场、公园、景区、街道、车站、大型场馆、小区外围等。图 6-7 所示为常见的全球摄像机。

图 6-7　全球摄像机

半球型摄像机，顾名思义就是形状呈半球状，因此命名。半球型摄像机由于体积小巧、外形美观，比较适合办公场所及装修档次高的场所使用。其内部由摄像机、自动光圈手动变焦镜头、密封性能优异球罩和精密的摄像机安装支架组成的。其最大的特点是设计精巧、美观且易于安装。半球型摄像机图像的生成主要来自 CCD 摄像机，CCD 是电荷耦合器件（Charge Coupled Device）的简称，它能够将光线变为电荷并存储及转移，也可将存储的电荷取出使电压发生变化，因此是理想的摄像机元件，以其构成的 CCD 摄像机具有体积小、质量轻、不受磁场影响、抗震动和撞击的特性而应用广泛。无论是突如其来的紧急刹车或撞击，还是行经颠簸不断、满是坑洞的道路所造成的剧烈冲击和连续震动，半球型摄像机皆能提供连续清晰影像。在工厂中，如果将半球型摄像机安装在厂房或产线，可让厂房或产线管理人员掌握生产制造的进度和状况，以及所有产线员工的工作状态。如果将半球型摄像机安装在工厂外四周，不仅可以提供全天候的不间断监控保障，加上其本身的防爆功能，更可使摄像机在破坏者连续且强烈的攻击下，依然能提供清晰的画面给厂房管理或监控人员，进而实时采取防护措施（图 6-8）。

图 6-8　半球型摄像机

标准型枪机是监控类摄像机的一种。枪机外观呈长方体，前端是 C/CS 镜头接口，不包含镜头。枪机主要从外形、镜头安装接口上区分。因受其外形的限制，枪机的可视角度小于全球及半球型摄像机，但也因其优异的防水性能、超高清的画质等在特定需求的场合具有不可替代的作用。其适用于金融、电信、超市、酒店、政府、学校、机场、博物馆、工厂、公安、司法、平安城市等要求超高清画质的场所。图 6-9 所示为常见的枪机。

图 6-9　枪机

视频监控系统的传输线路主要由网络传输设备及网络传输介质组成。常见的传输设备有无线路由器和网络交换机，可以同时满足不同的需求（图 6-10）。

图 6-10　无线路由器及网络交换机

常见的传输材料有非屏蔽双绞线和光纤等，其中光纤材料具备抗干扰、损耗小等优势，但是价格相对较高；现阶段常用的双绞线一般为超五类或六类非屏蔽双绞线，其传输稳定、价格低廉，但是传输距离有限（图 6-11）。

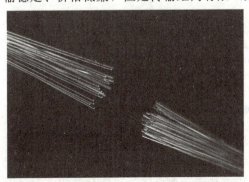

图 6-11　光纤及双绞线

控制设备主要包括计算机（图 6-12）、硬盘与录像机、视频矩阵切换器和视频分配器等。计算机作为整个系统的控制核心，可以对前端设备及显示设备的输出进行控制，是主要的交互设备。

图 6-12　计算机

硬盘与录像机（图 6-13）是视频监控系统的存储中心，硬盘安装在录像机内部，用于接收来自前端设备的图像数据，并存储在本地。我国行业标准要求本地存储的图像数据至少需要保存 30d。因此，一般的存储设备容量在 24 TB 以上。

图 6-13　录像机

视频矩阵切换器是控制视频输入和高分辨率图像信号的显示切换而设计的高性能智能矩阵设备。按实现视频切换的不同方式，视频矩阵可分为模拟矩阵和数字矩阵。模拟矩阵的视频切换在模拟视频层完成。信号切换主要是采用单片机或更复杂的芯片控制模拟开关实现。数字矩阵的视频切换在数字视频层完成，这个过程可以是同步的也可以是异步的。数字矩阵的核心是对数字视频的处理，需要在视频输入端增加 AD 转换，将模拟信号变为数字信号，在视频输出端增加 DA 转换，将数字信号转换为模拟信号输出。视频切换的核心部分由模拟矩阵的模拟开关变换成了对数字视频的处理和传输（图 6-14）。

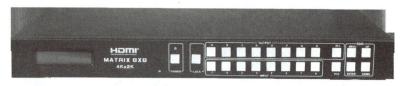

图 6-14　视频矩阵切换器

视频分配器是把一个视频信号源平均分配成多路视频信号的设备。其工作原理是实现一路视频输入、多路视频输出，且输出视频无扭曲或无清晰度损失。通常，视频分配器除提供多路独立视频输出外，兼具视频信号放大功能，故也称为视频分配放大器（图 6-15）。

图 6-15　视频分配器

显示记录设备主要分为移动式和固定式两大类。移动式以手机、平板电脑为代表，携带方便且连接方式灵活，适用于远程查看。固定式主要为台式显示器，虽然不能方便携带，但显示效果较好，输入显示更稳定，适用于监控室等场合（图 6-16）。

图 6-16　移动显示设备与固定显示设备

课后练习

1. 选择题

（1）视频监控系统的信号传输方式有很多种，其中（　　）是目前逐渐被淘汰的。

    A. 同轴电缆传输　　　　　　　　　　B. 双绞线传输

    C. 光纤传输　　　　　　　　　　　　D. 无线传输

（2）下列不属于视频监控系统前端设备的是（　　）。

    A. 一体化全球摄像机　　　　　　　　B. 枪式摄像机

    C. 半球云台摄像机　　　　　　　　　D. 移动式录像机

（3）硬盘与录像机是视频监控系统的存储中心，硬盘放置在录像机的内部，其接收来自前端设备的图像数据，并存储在本地，我国行业标准要求本地存储的图像数据至少需要保存 30d 以上。因此一般的存储设备容量在（　　）TB 以上。

    A. 12　　　　　　B. 16　　　　　　C. 22　　　　　　D. 24

（4）视频监控系统根据设备功能大致分为（　　）层结构。

    A. 3　　　　　　B. 4　　　　　　C. 5　　　　　　D. 6

2. 判断题

（1）视频监控系统根据其结构划分为前端设备、传输线路、控制设备和显示记录共四层。（　　）

（2）双绞线一般用于室内短距离的信号传输。（　　）

（3）视频监控系统中的控制设备主要由计算机、硬盘与录像机、视频矩阵切换器、视频分配器等组成。 （ ）

（4）视频监控系统中，无线传输作为一种新型的信号传输方式，因为其无需布线，成本低，不易受到外界磁场的干扰而备受欢迎。 （ ）

3. 简答题

（1）视频监控系统的控制过程是如何实现的？

（2）同轴电缆除在视频监控系统中有所使用外，在哪些地方还有使用？

（3）无线传输在实际使用中稳定性较差，如何才能提高它的稳定性？

 拓展知识

资源名称	智能安防 设备与种类	红外人体 探测及报警	可视对讲 系统的概念	可视对讲系统 组成及原理
资源类型	视频	视频	视频	视频
资源二维码				

 **任务信息**

【任务说明】

本任务主要学习视频监控系统的设计，熟悉视频监控系统的设计原则，掌握视频监控系统各组成部分的设计要点，并能根据给定的图纸和要求，完成该部分的视频监控系统设计。

【任务目标】

知识目标：

（1）了解视频监控系统的设计原则；

（2）掌握视频监控系统的设计要点。

能力目标：

（1）能说出视频监控系统各组成部分的设计要点；

（2）能完成视频监控的平面图设计。

素养目标：

（1）培养创新意识；

（2）具备智能家居工程设计能力。

思政目标：

（1）培养敢于探索的求知精神；

（2）树立精益求精的工匠精神。

【建议学时】

4 学时。

【思维导图】

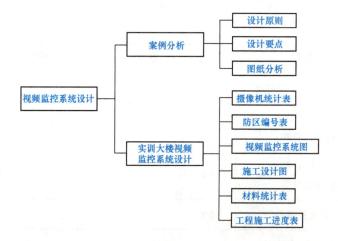

 **任务工单**

任务名称		视频监控系统设计			
学生姓名		班级		学号	
同组成员					
实训地点		智慧教室			

<table>
<tr><td rowspan="4">任务研究</td><td>任务介绍</td><td colspan="4">我校新建了一栋实训大楼，该大楼满足实训实操、实训教学、模拟考试、技能比赛等各种需求，现要求对该大楼进行视频监控系统的安装，需要你根据施工图纸完成该大楼视频监控系统设计</td></tr>
<tr><td>任务目标</td><td colspan="4">1. 了解视频监控系统的设计原则；
2. 掌握视频监控系统的设计要点；
3. 能完成视频监控系统的基础设计</td></tr>
<tr><td>任务分工</td><td colspan="4">分组讨论，然后独立完成任务</td></tr>
</table>

任务实施	实施步骤	1. 课前学习。课前查阅、浏览视频监控系统设计的相关资料，预习学习课本知识点内容。 2. 项目分析。为项目负责人介绍视频监控系统的设计原则及要点。 3. 任务设计。完成对应的视频监控系统设计
	提交成果	1. 课前查阅的视频监控系统设计资料； 2. 为项目负责人介绍视频监控系统的设计原则及要点的短视频； 3. 视频监控系统的设计图纸

任务评价	评价内容	分值	自我评价	小组评价	教师评价
	具备认真严谨的职业态度	15			
	按时完成实训任务，服从安排管理	20			
	小组成员分工明确，组员参与度高	15			
	成果提交质量好	50			
	合计				

知识链接

6.2.1 案例分析

襄阳新天地项目楼盘位于汉江北岸，该项目占地面积为 72 289 m²，一期建设12 栋住宅和一所义务教育小学，一期计划总投资 14 亿元人民币，包括基础建设和其他规划设计。该楼盘的售楼中心位于楼盘的北部靠近解放路，共两层，其中一层建筑面积为 1 007.29 m²，二层面积为 855.86 m²，该售楼中心外围墙东部设置多个停车位，外围墙为 2.5 m 高的栏杆式围墙，北侧设置一个大门供车辆和顾客及工作人员通行。一层为销售中心和洽谈室，楼梯位于大厅南部，设计两个楼梯，楼梯东侧为洗手间和电井，二楼设置 3 个洽谈室和高级展厅。该售楼中心设计安装视频监控系统、消防报警系统和电子巡更系统。现需要根据实际需求完成该售楼中心视频监控系统防区点数表、防区编号表、系统图、视点位图、摄像机选型表以及施工进度表的设计。

售楼中心的管理手段如下：

（1）新天地售楼中心两层窗户全部安装了窗户专用锁，只能从室内开锁后，才能开启窗户，有效预防非法入侵。

（2）售楼中心全部出入口和窗户位置安装有智能报警系统，报警中心设置在南门房，安装有警灯。如有非法入侵事件，报警系统实时自动拨打电话报警，并触发警号鸣响及警灯闪烁。

（3）售楼中心安装有夜间自动照明系统，在夜间有人员接近大楼时，照明灯自动开启。

（4）售楼中心安装有保安巡更系统，在其边界、主要通道和内部安装有 15 个巡更点。

（5）售楼中心设计有完善的信息网络布线系统，两层均预留足够的网络双绞线和 25 对大对数电缆等缆线。

鉴于售楼中心有比较完善的物防、人防、技防措施，本视频监控系统设计如下：

（1）充分发挥视频监控系统实时录像、画面报警和长期保存图像等功能，系统每天 24 小时不间断的实时监视记录和画面报警，支持回放和复核报警信息，同时兼顾管理人员检查安全保卫工作。

（2）售楼中心出入口、建筑物出入口设置高分辨率摄像机，主要监视和记录车辆、货物、人员出入情况。重点监控夜间和节假日车辆和货物出入情况。

（3）对一层玻璃门、大门、边界围墙等区域设置高分辨率室外彩色摄像机，夜间自动开启红外灯，重点监视非法入侵、盗窃、破坏和抢劫等异常情况。

（4）鉴于售楼中心设计和预留有完善的信息网络布线系统，视频监控系统全部采用网络摄像机和 POE 以太网交换机集中供电。在一楼安装 1 台 POE 网络交换机，通过局域网组网。

（5）视频监控中心设置在 24 小时值班的安防中心，距离社区派出所最近。售楼中心视频监控系统设计为全数字化的视频监控系统，全部采用网络摄像机和 POE 以太网供电方式，实现集中供电。室外选用枪机（室外范围广，全方位），室内选用半球彩色摄像机（安装在墙面有一定的角度限制）。系统配置有 25 台摄像机、3 台 POE 交换机、1 台以太网交换机、1 台硬盘录像机、1 台大屏幕显示器及 1 台监控主机。视频监控系统覆盖了售楼中心边界、大门、大楼出入口等重点区域，监控中心位于南部门卫房。

编制视频监控摄像机点位数量统计表（以下简称点数表）的目的是快速准确统计建筑物内需要安装的视频监控摄像机位置与数量，具体要求如下：

（1）表格设计合理。

（2）数据正确（安装摄像机的位置和数量都必须填写数字，要求数量正确，无漏点或多点）。

（3）文件名称正确（作为工程技术文件，文件名称必须准确，能够直接反映该文件内容）。

（4）签字和日期正确（作为工程技术文件，编写、审核、审定、批准等人员的签字非常重要，如果没有签字就无法确认该文件的有效性，也没有人对文件负责，更没有人敢使用。日期直接反映文件的有效性，因为在实际应用中，可能会经常修改技术文件，一般是最新日期的文件替代以前日期的文件）。

新天地售楼中心视频监控系统防区点数见表 6-1。

表 6-1　新天地售楼中心视频监控系统防区点数表

建筑物	1楼						2楼						室外				合计
设防区域	大厅	洽谈室1	洽谈室2	洽谈室3	楼梯西	楼梯东	大厅	洽谈室1	洽谈室2	洽谈室3	楼梯西	楼梯东	停车位	大门两侧	南部两侧	东部围墙	16个防区
枪机	4	0	0	0	1	1	4	0	0	0	1	1	2	2	2	1	19
半球摄像机	0	1	1	1	0	0	0	1	1	1	0	0	0	0	0	0	6
合计	9						9						7				25

视频监控系统防区编号表是视频监控系统必需的技术文件，主要规定监控点的编号，用于施工安装、系统管理和后续日常维护。例如在进场前对摄像机进行测试时，直接将防区编号标记在摄像机上，布线时在线缆两端直接标记防区编号。如果没有编号表，就不知道每台摄像机的安装位置，也无法区分大量的线缆与各防区摄像机的对应关系。防区编号表编制要求如下：

（1）表格设计合理。一般使用 A4 幅面竖向排版的文件，要求表格打印后，表格宽度和文字大小合理，编号清楚，特别是编号数字不能过大或过小，一般使用小四或五号字。

（2）编号规范正确。防区编号按数字顺序依次编排，每个防区（监控点）对应 1 个防区编号，一一对应，便于管理维护。

（3）文件名称正确（文件名称必须准确，能够直接反映该文件的内容）。

（4）正确编制防区编号表。根据点数表确定的摄像机安装位置和点位数量，逐一编制防区编号表，不能漏掉任何一个防区和点位。后续进行软件配置和设置时，必须保证监控软件画面上的防区编号与防区编号表中的防区编号完全一致，这样方便监控和管理（表6-2）。

表6-2 新天地售楼部视频监控系统防区编号表

建筑物	1楼						2楼						室外				合计
设防区域	大厅	洽谈室1	洽谈室2	洽谈室3	楼梯西	楼梯东	大厅	洽谈室1	洽谈室2	洽谈室3	楼梯西	楼梯东	停车位	大门两侧	南部两侧	东部围墙	16个防区
枪机	4	0	0	0	1	1	4	0	0	0	1	1	2	2	2	1	19
半球摄像机	0	1	1	1	0	0	0	1	1	1	0	0	0	0	0	0	6
合计	9						9						7				25
防区	1	2	3	4	5	6	7	8	9	10	11	12	13	14	15	16	

　　点数表能够非常全面地反映该项目视频监控摄像机的安装位置和点位数量，但不能反映各种设备的连接关系，这样我们就需要通过设计视频监控系统图来直观反映。

　　系统图的功能是直观展示视频监控系统的主要组成部分和连接关系。它简明地标识出了前端设备、传输设备、控制设备、显示记录设备，以及各种设备之间的连接状况。但系统图不涉及设备的具体位置、距离等详细情况（图6-17）。

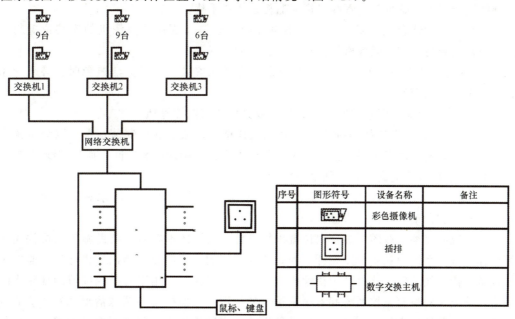

图6-17 视频监控系统图

　　视频监控系统图的设计要点如下：

　　（1）图形符号规范正确。在系统图设计时，必须使用规范的图形符号，对不常用的图形符号应在系统图上给予说明，保证其他技术人员和现场施工人员能够快速读懂图纸，不要使用奇怪的图形符号。

　　（2）连接关系清楚。设计系统图的目的就是规定监控点的连接关系，因此必须按照相关标准规定，清楚呈现各设备之间的连接关系，即前端设备与控制设备，控制设备与显示记录设备等之间的连接关系，构建视频监控系统拓扑图。

（3）线缆型号标记正确。在系统图中各设备之间的线缆规格要标注清楚，特别是同轴电缆、双绞线还是光缆。就双绞线而言，还要标明是屏蔽双绞线，还是非屏蔽双绞线，是 Cat5 类、Cat5e 类，还是 Cat6 类或其他。线缆规格直接影响工程总造价。

（4）说明完整。系统图设计完成后，必须在图纸的空白位置处添加设计说明。设计说明一般是对图中的图形符号及特殊设计给予说明，帮助理解和阅读图纸。

完成前面的点数表、系统图和防区编号表后，视频监控系统的基本结构和连接关系已经确定，之后就需要进行布线路由设计了，因为布线路由取决于建筑物结构和功能，布线管道一般安装在建筑立柱和墙体中。

施工图设计的目的是规定布线路由在建筑物中安装的具体位置，一般使用平面图。施工图设计的一般要求和注意事项如下：

（1）图形符号必须正确（施工图设计的图形符号，首先要符合相关建筑设计标准和图集规定）。

（2）布线路由设计合理正确。施工图设计了全部线缆和设备等器材的安装管道、安装路径、安装位置等，也直接决定工程项目的施工难度和成本。布线路由设计前需要仔细研读建筑物的土建施工图、水电施工图、网络施工图等相关图纸，掌握建筑物的主要水管、电管、气管等路由和位置，并且尽量避让这些管线。如果无法避让，必须设计钢管穿线进行保护，减少其他管线对视频监控系统的干扰。

（3）位置设计合理正确。在施工图设计中，必须清楚标注摄像机的安装位置与方向，包括安装高度和支架规格等。特别注意下列情况：

1）优先设计为顺光安装，尽量避免设计为逆光安装，如果无法避免时，必须选用适合逆光使用的摄像机。

2）摄像机与监控区域中间不能有树枝或其他建筑构件遮挡。

3）安装方式优先选择吊顶安装，其次选择壁装，减少立柱安装情况。因为吊顶和壁装时布线方便，固定牢固。立柱安装不仅成本高，占用地面和空间，而且布线困难。

4）安装位置要远离光源或强电箱附近。

5）室内安装时，选用室内摄像机。室外安装时必须选用具有防水和防尘功能的云台、解码器和护罩，以保护摄像机。

（4）说明完整。在图纸的空白位置添加设计说明和图形符号，帮助施工人员快速读懂设计图纸。系统图和施工图设计了视频监控系统的主要组成包括前端摄像机、监控中心设备和传输线路等。该设计中摄像机全部为网络摄像机，用于对监控区域的视频实时采集和输出，对整套监控系统起着至关重要的作用。摄像机必须图像清晰真实、适应复杂环境、安装调试方便，同时为保证摄像机的日夜监控效果，所有摄像机均需具有红外功能；具体点位分布如图 6-18 所示。

1）摄像机设备选型。根据系统图和施工图分布选择。该视频监控系统共包括 16 个监控点，摄像机的选型见表 6-3。

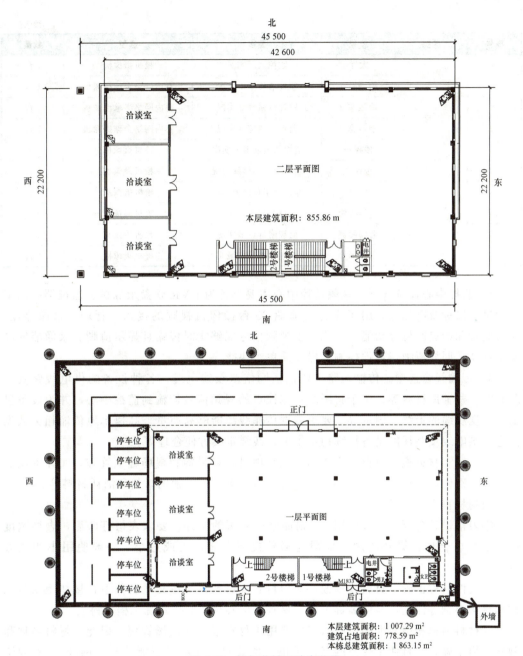

图 6-18　视频监控系统点位图

表 6-3　摄像机的选型表

序号	区域	位置	要求	选型	数量
1	1楼	大厅	监控大厅实况	枪机摄像机	4 台
2		洽谈室 1	监控洽谈室 1 实况	室内网络全球摄像机	1 台
3		洽谈室 2	监控洽谈室 2 实况	室内网络半球摄像机	1 台
4		洽谈室 3	监控洽谈室 3 实况	室内网络全球摄像机	1 台
5		楼梯西	监控西方向楼梯实况	枪机摄像机	1 台
6		楼梯东	监控东方向楼梯实况	枪机摄像机	1 台

序号	区域	位置	要求	选型	数量
7	2楼	大厅	监控大厅实况	枪机摄像机	4 台
8		洽谈室 1	监控洽谈室 1 实况	室内网络全球摄像机	1 台
9		洽谈室 2	监控洽谈室 2 实况	室内网络半球摄像机	1 台
10		洽谈室 3	监控洽谈室 3 实况	室内网络全球摄像机	1 台
11		楼梯西	监控西方向楼梯实况	枪机摄像机	1 台
12		楼梯东	监控东方向楼梯实况	枪机摄像机	1 台
13	室外	停车位	监控停车位区域实况	枪机摄像机	2 台
14		大门两侧	监控大门出入实况	枪机摄像机	2 台
15		南部两侧	监控南部区域实况	枪机摄像机	2 台
16		东部围墙	监控东部围墙区域实况	枪机摄像机	1 台

2）监控中心设备选型。视频监控中心主要设备为 DVR 硬盘录像机、监视器、网络交换机、鼠标及键盘等，用于实施对前端 25 台摄像机视频的接入、管理、录像存储、实时监看和历史回放等功能。系统要求视频信号能够实时传输且显示清晰。录像能够高质量存储、回放清晰，远程控制等操作简单、快捷。

3）传输线缆选型。传输线路主要包括网络双绞线电缆、各种设备的供电线路及其配套的一些辅助材料等，用于将园区各监控点的视频信号传输到监控中心，并为设备供电，实现线缆的走线、固定等。要求数据传输线缆能够高质量、高速率地传输相关数据信息；供电线缆要保障设备持续稳定供电；线缆走线方便合理等。

（5）编制材料表。材料表主要用于工程项目材料采购和现场施工管理，实际上就是施工方内部使用的技术文件，必须详细写清楚全部主材、辅助材料和消耗材料等。

编制材料表的一般要求：

①表格设计合理。一般使用 A4 幅面竖向排版的文件，要求表格打印后，表格宽度和文字大小合理，编号清楚，特别是编号数字不能过大或过小，一般使用小四或五号字。

②文件名称正确。材料表一般按照项目名称命名，要在文件名称中直接体现项目名称和材料类别等信息，文件名称为"车城售楼中心视频监控系统工程材料表"。

③材料名称和型号准确。材料表主要用于材料采购和现场管理。因此，材料名称和型号必须正确，并且使用规范的名词术语。例如双绞线电缆不能只写"网线"，必须清楚地标明超五类/六类电缆，屏蔽/非屏蔽电缆等。重要项目甚至要规定设备的外观颜色和品牌，因为每个产品的型号不同，往往在质量和价格上有很大差别，对工程质量和竣工验收有直接的影响。

④材料规格及数量齐全。视频监控系统工程实际施工中，涉及线缆、配件、消耗材料等很多品种或规格，材料表中的规格和数量必须齐全。如果材料种类不全或材料数量不够，就可能影响施工进度，增加采购和运输成本。

⑤签字和日期正确。编制的材料表必须有签字和日期，确保其有效性这是工程技术文件不可缺少的。

售楼中心视频监控系统工程材料表见表 6-4。

表 6-4　售楼中心视频监控系统工程材料表

序号	设备名称	数量	单位
1	室内网络半球摄像机	6	台
2	枪机摄像机	19	台
3	数字监控主机	1	台
4	显示器	1	台
5	网络交换机	1	台
6	POE 交换机	3	台
7	鼠标键盘	1	套
8	网络双绞线	5	箱
9	24 口网络配线架（含模块）	3	个
10	24 口网络跳线架（含模块）	3	个
11	水晶头	100	个

　　根据具体工程量大小，科学合理地编制施工进度表，可依据系统工程结构将整个工程划分为多个子项目，科学制定施工进度计划并有序执行。施工过程中也可根据实际施工情况，做出合理调整，把握项目进展工期，确保按时完成项目施工，表 6-5 所示为售楼中心视频监控系统工程施工进度。

表 6-5　售楼中心视频监控系统工程施工进度表

名称：新天地售楼中心视频监控系统													文件编号
工种工序	日期：2022年6月												
	1	2	3	4	5	6	7	8	9	10	11	12	13
埋线布管													
设备安装													
系统调试													
编制：　　　　审核：　　　　审定：　　　　编制单位：													

6.2.2　实训大楼视频监控系统设计

　　该大楼设计地上共六层，其中一层设计包括消防控制室一间，实训室三间，工具间一间，如图 6-19 所示；二层设计办公室一间，实训室五间，工具间一间，如图 6-20 所示；三层设计办公室一间，实训室五间，工具间一间，如图 6-21 所示；四层设计办公室一间，实训室五间，工具间一间，如图 6-22 所示；五层设计办公室一间，实训室三间，机房两间，工具间一间，如图 6-23 所示；六层设计办公室一间，实训室三间，机房两间，工具间一间，如图 6-24 所示。每层中间设置一条走廊，面积为 161 m²，每层层高为 3.6 m。

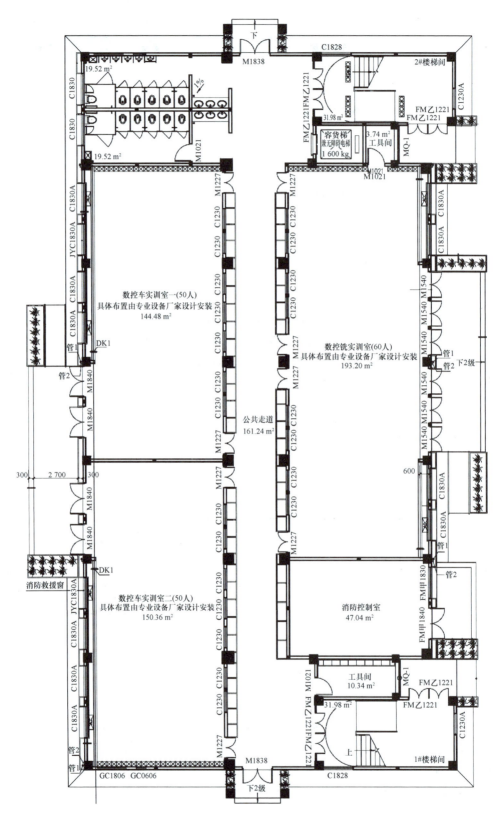

图 6-19　实训大楼一层

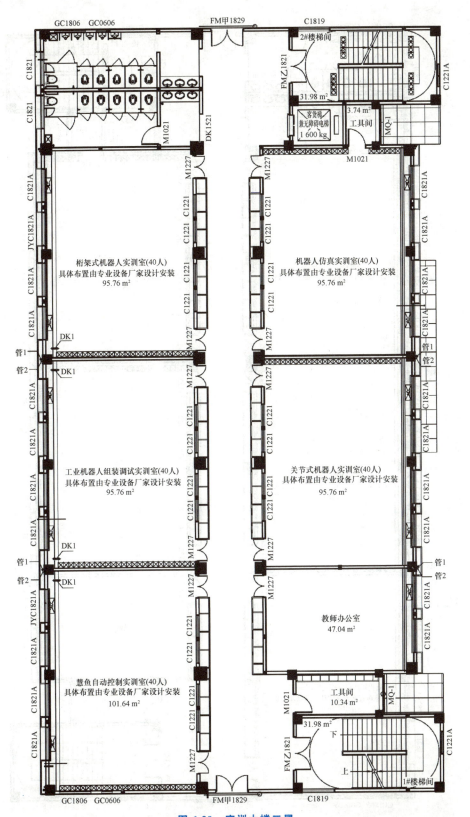

图 6-20　实训大楼二层

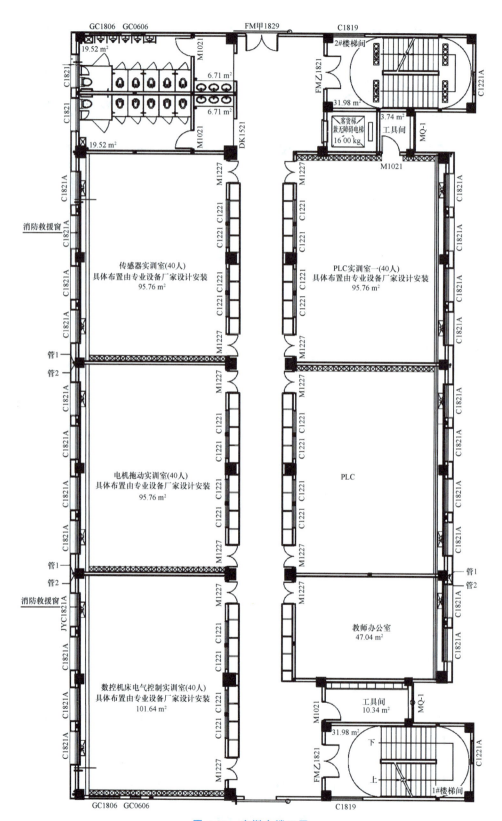

图 6-21　实训大楼三层

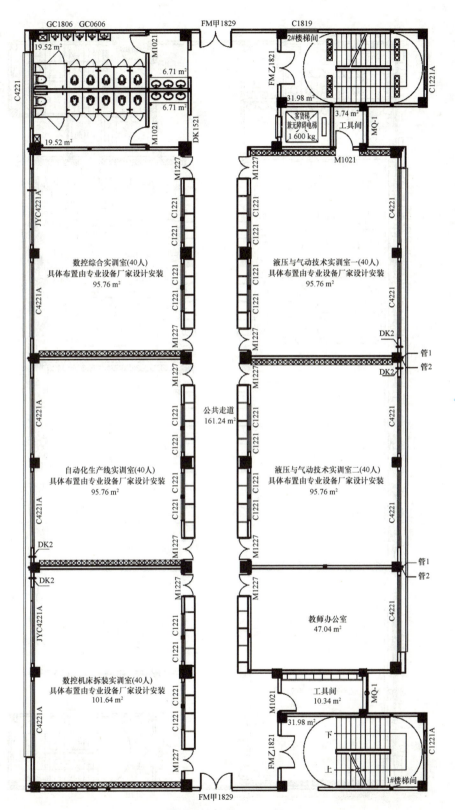

图 6-22　实训大楼四层

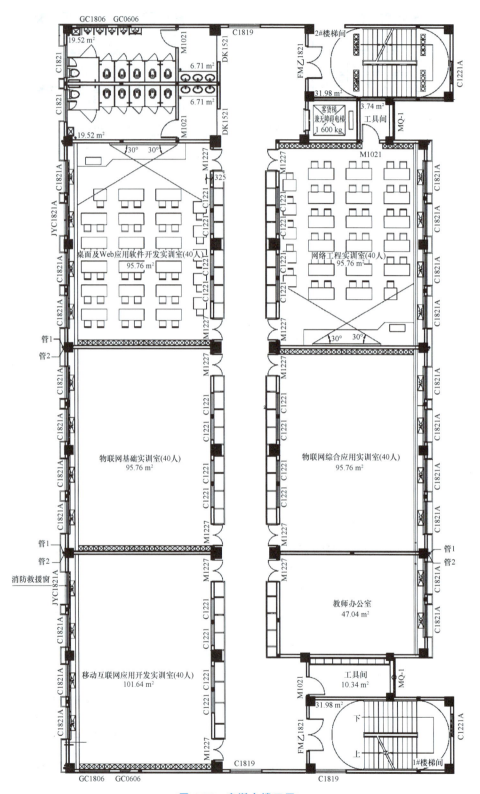

图 6-23 实训大楼五层

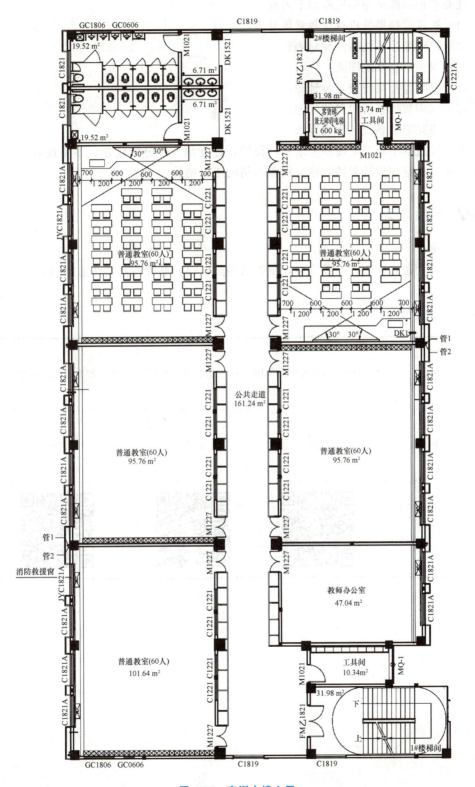

图 6-24　实训大楼六层

现要求根据图纸布局完成以下内容：

（1）视频监控摄像机点位数量统计表；

（2）视频监控系统防区编号表；

（3）视频监控系统图纸；

（4）视频监控系统施工设计图；

（5）视频监控系统材料统计表；

（6）视频监控系统工程进度表。

在设计过程中要严格按照要求进行设计，注意细节部分的优化，不断提高专业设计能力，养成良好的设计习惯，践行精益求精的工匠精神。

 课后练习

简答题

在实训大楼的视频监控系统中，摄像机的点位设计有哪些需要注意的地方？

 拓展知识

资源名称	视频监控基本概念及作用	视频监控基本组成	视频监控系统的传输方式
资源类型	视频	视频	视频
资源二维码			

任务 6.3 智能门锁系统认知

任务信息

【任务说明】

随着科学技术的发展，智能产品无处不在，其中，用于防盗的门锁也进行了跨时代的改变。智能门锁的出现，很大程度上解决了机械门锁的弊端，使人们摆脱了对钥匙的依赖，提高了安全性。目前我国是全球最大的锁具生产国与消费国，产品种类主要还是以挂锁、门锁、链锁等机械锁为主。目前门锁已经往智能锁发展，市面常见的智能锁形态主要有密码锁、遥控锁、指纹锁、RFID 卡锁以及高端的图像识别锁。通过本任务的学习，学习者将了解智能门锁的主要功能、技术指标，掌握智能门锁的功能特点，初步认识智能门锁。学习后进入实训小屋进行智能门锁系统的安装调试操作。

【任务目标】

知识目标：

（1）了解智能门锁的结构类型；

（2）掌握智能门锁的功能特点。

能力目标：

（1）能说出常见智能门锁的主要形态；

（2）能进行智能门锁设备的选型。

素养目标：

（1）培养创新意识；

（2）增强勇于探索的创新精神。

思政目标：

（1）培养不怕试错的探索精神；

（2）提高专业自信心。

【建议学时】

4 学时。

【思维导图】

任务工单

任务名称	智能门锁系统认知				
学生姓名		班级		学号	
同组成员					
实训地点	智慧教室				

任务研究	任务介绍	客户王女士近期需要对自家别墅进行装修，计划采购安装智能门锁系统，你作为智能产品导购，需要了解王女士的需求，并针对性地提出合理的解决方案，帮助王女士了解智能门锁并进行合理的选择
	任务目标	1. 了解智能门锁的结构类型； 2. 掌握智能门锁的功能特点
	任务分工	分组讨论，然后独立完成任务

任务实施	实施步骤	1. 课前学习。课前查阅、浏览智能门锁的相关资料，预习本任务知识点内容。 2. 为王女士介绍智能门锁的分类和特点。 3. 完成针对性的门锁选择
	提交成果	1. 课前查阅的智能门锁资料； 2. 为王女士介绍智能门锁分类和特点的短视频

任务评价	评价内容	分值	自我评价	小组评价	教师评价
	具备认真严谨的职业态度	15			
	按时完成实训任务， 服从安排管理	20			
	小组成员分工明确， 组员参与度高	15			
	成果提交质量好	50			
	合计				

6.3.1 智能门锁概述

现阶段，智能门锁的应用场景越来越广泛，能够适应的场景也越来越多。例如应用智能手机进行操控（如 iOS 平台或者 Android 系统平台进行远程控制），输入设置好的密码进行控制，门会自动打开。以后再也不必担心忘了带钥匙或者钥匙丢失打不开门，家人也可以通过操作来远程开锁。对于安全，Wi-Fi 智能门锁有更完善的保护机制，授权过的任何人开锁、上锁、反锁，你和家人都可以及时掌握。而且在以下场所应用较多：银行、政府部门（注重安全性）、酒店、学校宿舍、居民小区、别墅、宾馆（注重方便管理），智能门锁主要应用于智能家居、智能旅店、酒店、智能建筑等系统中。

1. 智能门锁分类

智能门锁的类型现在也很丰富，主要分为以下几类：

（1）智能锁。智能锁就是将电子技术、集成电路设计、大量的电子元器件，结合多种创新识别技术（包括计算机网络技术、内置软件卡、网络报警、锁体的机械设计）等的智能化产品，区别于传统机械锁，其使用非机械钥匙作为用户识别 ID，在用户识别、安全性、管理性方面更加智能化。目前市面上常见的智能锁包括指纹锁、密码锁、感应锁等。

1）指纹锁：一种以人体指纹为识别载体和手段的智能锁具，它是计算机信息技术、电子技术、机械技术和现代五金工艺的完美结晶。指纹锁一般由电子识别与控制、机械联动系统两部分组成。指纹的唯一性和不可复制性决定了其是目前所有锁具中较为安全的锁种。

2）密码锁：是锁的一种，开启时使用的是一系列的数字或符号。密码锁的密码通常都只是排列而非真正的组合。部分密码锁只使用一个转盘，把锁内的数个碟片或凸轮转动；也有些密码锁是转动一组数个刻有数字的拨轮圈，直接带动锁内部的机械。

3）感应锁：通过线路板上的 MCPU（单片机）控制门锁电动机的启动与关闭。门锁装上电池后，可通过计算机授权卡片来开锁。发卡时能控制卡片的开门有效期、开门范围及权限等，是高级智能化产品。感应门锁是广大酒店、宾馆、休闲中心、高尔夫中心等不可或缺的安全电子门锁，也适合别墅和家庭使用。

（2）遥控锁。遥控锁由电控锁、控制器、遥控器、后备电源、机械部件等几部分组成。遥控锁因价格较高，原先一直用于汽车摩托车上，现在遥控锁也应用于家庭、酒店等各种地方，方便了人们的生活。

2. 智能门锁特点

智能门锁在具备普通门锁功能的同时还具备一些特殊的功能和特点，如安全性、稳定性、通用性、智能性、灵活性。

（1）安全性。AES－128 加密，手机或 RFID 卡丢失，删除相应电子"钥匙"就轻松解决问题；安装智能门锁后，应当不影响防盗门的功用，锁具不存在明显的安全隐患。

（2）稳定性。稳定性是智能门锁最重要的指标，一般需要使用一年以上才会稳定定型。消费者在选购时最好选择主营生产智能门锁的企业。这类企业一般拥有丰富的生产经验，产品稳定性更有保障。

（3）通用性。应当适用国内大部分的防盗门（符合最新防盗门国家标准），改装量少。好的智能门锁安装时间应不超过 30 min。否则用户一般难以独立完成安装与维护。通用性设计得好，也可有效降低经销商库存压力。存储容量要大，可以同时支持 250 把钥匙，每把钥匙 100 条开锁记录。

（4）智能性。进行增加、删除等操作，应当非常简单，用户不用记忆过多的口令与代码。高性能智能门锁还配有视频显示系统，用户操作比较方便。手机钥匙、指纹、卡和密码的添加和删减均可直接通过手机 App 客户端操作，非常简单，会用手机就可以操作，锁体具有异常状态智能报警功能。

（5）灵活性。可以开具和关闭临时卡，灵活设置钥匙数量和使用时间段，适合访客和钟点工使用；使用方便，携带手机时，不用携带钥匙也不用按指纹，走近直接开锁开门。开门手段丰富，蓝牙、RFID 卡，指纹和密码互为补充，适合任何人群使用（图 6-25）。

图 6-25　智能门锁的开锁方式

3. 智能门锁的选择

在选择智能门锁的时候一方面是要满足自己的需要，另一方面也是在选锁的质量。一个好的企业往往都会有不低于 5 款以上高、中、低不等的指纹锁供用户选择。用户一般都会从中选择出自己使用的产品：有用于入户门的，分为金属门和木门，有用于内室门的，常见到木门，也有用于别墅大门的等。

（1）满足需要的使用功能。通常使用的基本功能如下：

1）可以供多人开门，产品质量要稳定，性能好；

2）可以分权限开门；

3）可以自由增减开门权限；

4）拥有查询记录功能；

（2）一定要带有机械钥匙，这是一种备用开门方式，任何电子部分都有出错的可能性，相对而言机械部分要稳定得多，保留锁的机械钥匙作为家里的备用开门方式，可以在门锁电子部分出问题的时候及时开门和方便维修。

（3）选择质量好的锁芯。机械钥匙锁芯的质量好坏直接关系到门体的防撬性和稳定性。一般情况下有实力的智能门锁制造企业都会选择高档锁芯，以保障产品质量。消费者可以通过钥匙的弹子数和深浅挡数进行评估。尽量选择弹子数和深浅挡数多的产品。深浅挡数的弹子数次方，就是这把机械钥匙的密钥量，密钥量越大，安全性越好。国家标准要求至少达到 A 级以上安全等级。

（4）厂家品牌。不同的厂家品牌，产品质量和售后服务不完全一样，选购智能门锁时，尽可能选择生产质量和售后服务双保障的品牌，这是选择智能门锁的重点。只有厂家生产质量有保障，才可能让用户用得安心；只有厂家售后有保障，才能在出现问题时能够及时得到解决。

现阶段，智能门锁根据市场需求所开发出来的面向民用市场的产品有很多，其使用的主要解锁方式为以下几种。

（1）指纹解锁。

1）使用方便，随时不需要携带任何东西；

2）密码唯一性，安全性高。

（2）密码解锁。使用方便，作为其他开锁手段的后备方案。

（3）智能蓝牙解锁。

1）携带手机即可无"钥匙"开门；

2）走近并转动把手开门；

3）支持安卓和 iOS；

4）自动识别门内外状态，门外靠近自动开锁，门内仅支持在 APP 上手动操作开锁；

5）手机长时间无操作时，自动上锁，禁止开锁；

6）支持"摇一摇"开锁；

7）多手机靠近自动识别区分权限。

（4）智能锁刷卡和密码解锁。

1）刷卡。

①支持 Mifare1 S50、Mifare1 S70、MifareLight、Mifare UltraLight EV1、银行卡（带闪付标识）、公交卡等；

②无需管理卡，智能化手机 App 门卡管理；

③读写距离：1～5 cm；

④可 10 万次刷卡，稳定性高，省电。

2）密码。

①远程 APP 生成临时密码；

②虚位输入密码，有效防范密码泄露；

③输错提醒功能；

④连续输入错误 5 次，暂停开锁功能 10 min。

（5）手机 App 解锁。

1）后台模式自动开锁；

2）手动操作开关锁；

3）添加、删除和查看蓝牙、指纹、门卡和密码钥匙；

4）给每个电子钥匙命名，方便管理；

5）查看每把电子钥匙的开锁记录；

6）远程发送蓝牙电子钥匙；

7）远程生成临时开锁密码；

8）门锁开关状态提示；

9）电池电量显示，低电量报警；

10）防盗报警。

6.3.2　智慧家庭中智能门锁的解决方案

在不同的场景中，不同的客户对于智能门锁的需求也有所不同，下面介绍几种常见的智慧家庭中智能门锁的解决方案。

场景一：王女士家的别墅需要在大门及入户门安装智能门锁，室内需要对地下一层的储物间房门安装智能门锁（图6-26）。

图 6-26　王女士家的大门

院门为露天大门结构且无防雨水处理，因此在选择上需要考虑具备一定防水能力的智能门锁；由于该锁为入户的第一道门锁，因此考虑选择具备视频语音功能的门锁；为了方便出入应考虑选择具备刷卡功能的门锁。对于别墅的大门，考虑到方便性可以选择具备靠近自动打开功能的门锁。室内的地下一层为私密空间，根据要求可以考虑选择传统密码加指纹解锁的智能门锁。

场景二：谢女士新购了一套 160 m² 的商品房，现在需要对入户门的门锁进行合理选择。谢女士平时喜欢在家聚餐，且与父母同住。针对谢女士的需求，优先考虑选择具备动态密码的智能门锁，便于亲友临时到访，同时考虑到其与父母同住，优先选择具备刷卡开锁功能的智能门锁。

场景三：某公司在写字楼采购的办公区要进行装修，计划安装智能门锁，要求只允许本公司人员进出，且单独办公室需安装智能门锁。根据需求，该区域的大门可考虑选择具备人脸识别功能的门锁，方便员工自由出入；同时，考虑到单独办公室的需求，单独办公室可以选择具备指纹识别及密码功能的智能门锁（图6-27）。

智能门锁作为新型解锁方式，极大地改变了现阶段群众的生活方式，让生活变得更加便捷，这是行业发展的必然性；智能化行业的快速发展，既是顺应时代的变化，也是科学技术发展的必然结果，在学习过程中不仅要不断提高专业能力，也要不断培养专业自信力，才能让智能化发展更加丰富多元。

图 6-27　具备面部识别功能的智能门锁

 课后练习

1. 选择题

（1）下列不属于智能门锁所具备的功能的是（　　）。

  A. 指纹解锁   B. 面容解锁

  C. 动态密码解锁   D. 语音解锁

（2）遥控锁由电控锁、（　　）、遥控器、后备电源、机械部件等几部分组成。遥控锁因价格较高，原先一直用于汽车摩托车上，现在遥控锁也应用于家庭、酒店等各种地方，方便了人们的生活。

  A. 控制器   B. 接收器

  C. 红外传感器   D. 蓝牙模块

2. 判断题

（1）蓝牙最重要的特点是连接范围广，延迟低，目前主流智能手机都支持蓝牙 4.0，手机就是开门钥匙。 （　　）

（2）嵌入式 Wi-Fi 模块采用 UART 接口，内置 IEEE 802.11 协议栈及 TCP/IP 协议栈，能够实现用户串口到无线网络之间的转换。 （　　）

 拓展知识

资源名称	智能门锁功能特点
资源类型	视频
资源二维码	

 **任务信息**

【任务说明】

本任务主要通过学习智能门锁安装调试方法，了解智能门锁安装条件，会使用安装工具正确安装智能门锁，并进行调试。

【任务目标】

知识目标：

（1）了解智能门锁安装条件；

（2）掌握智能门锁安装方法。

能力目标：

（1）能够正确、安全地使用安装工具；

（2）能进行智能门锁调试。

素养目标：

（1）具有良好的语言表达能力；

（2）培养团队合作意识；

（3）具备智能家居工程现场施工及管理能力。

思政目标：

（1）培养精益求精的工匠精神；

（2）培养敢于尝试的探索精神。

【建议学时】

4学时。

【思维导图】

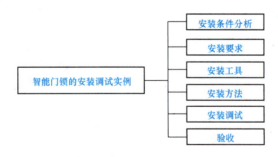

🖌 任务工单

任务名称		智能门锁的安装调试实例			
学生姓名		班级		学号	
同组成员					
实训地点		智慧教室			

<table>
<tr><td rowspan="3">任务研究</td><td>任务介绍</td><td colspan="4">谢女士家的门锁已经采购完成并送达，现在需要你去现场完成门锁的安装和调试工作</td></tr>
<tr><td>任务目标</td><td colspan="4">1. 了解智能门锁安装条件；
2. 掌握智能门锁的安装调试方法</td></tr>
<tr><td>任务分工</td><td colspan="4">分组讨论，然后独立完成任务</td></tr>
<tr><td rowspan="2">任务实施</td><td>实施步骤</td><td colspan="4">1. 课前学习。课前查阅、浏览智能门锁的安装调试相关资料，预习本任务知识点内容。
2. 为客户谢女士介绍智能门锁的安装步骤。
3. 为客户谢女士完成智能门锁的安装</td></tr>
<tr><td>提交成果</td><td colspan="4">1. 课前查阅的智能门锁安装调试资料；
2. 为客户谢女士介绍智能门锁安装步骤的短视频；
3. 为客户谢女士完成智能门锁的安装工作</td></tr>
<tr><td rowspan="6">任务评价</td><td>评价内容</td><td>分值</td><td>自我评价</td><td>小组评价</td><td>教师评价</td></tr>
<tr><td>具备认真严谨的职业态度</td><td>15</td><td></td><td></td><td></td></tr>
<tr><td>按时完成实训任务，
服从安排管理</td><td>20</td><td></td><td></td><td></td></tr>
<tr><td>小组成员分工明确，
组员参与度高</td><td>15</td><td></td><td></td><td></td></tr>
<tr><td>成果提交质量好</td><td>50</td><td></td><td></td><td></td></tr>
<tr><td>合计</td><td></td><td></td><td></td><td></td></tr>
</table>

6.4.1 安装条件分析

ZigBee 指纹密码智能门锁是一款通过指纹识别（可注册 100 个指纹）、密码及手机客户端软件开锁的智能国标大锁体门锁。内置 ZigBee 模块配合 ZigBee 主机，用户可通过网络来远程开锁，开锁时需要输入密码，既智能又安全。本任务以此智能门锁为例讲解安装及调试方法。

智能锁要求门的厚度在 40～120 mm，门材质为钢质门、铜门或木门。（配件包有 38～60 mm、60～90 mm、90～120 mm 三个规格，默认出厂配置的配件包尺寸为 60～90 mm，如果是其他规格请注意！）

如果是中间做有防蚊窗或装有采光玻璃的花边门要注意，外框到门的内边距花边必须大于 100 mm（图 6-28）。

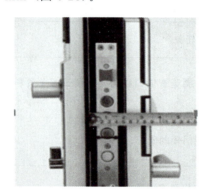

花边100 mm

图 6-28　门锁厚度及花边测量

项目现场预留要求如下：

（1）门的厚度≥40 mm。

（2）锁执手高度为 110 cm。

6.4.2 安装要求

（1）门锁前后面板与门横平，竖直无松动摇晃。

（2）锁体紧固在门体，无松动摇晃。

（3）门扣板与门框保持水平，竖直无松动摇晃。

门锁安装摇晃测试如图 6-29 所示。

6.4.3 安装工具

（1）大十字螺钉旋具。

（2）老虎钳。

（3）工具刀。

（4）卷尺。

图 6-29　门锁安装摇晃测试

（5）铅笔。

门锁安装工具如图 6-30 所示。

图 6-30　门锁安装工具

6.4.4　安装方法

（1）确定好执手中心线，用开孔图的中心线对着开好尺寸（图 6-31）。

图 6-31　门锁开孔

（2）确定开门方式，调好锁体的锁舌方向，然后安装固定在门上。

斜舌换向方法：将"斜舌调向片"上推至顶，按进斜舌并转动 180°，拉出斜舌后再将"斜舌调向片"下推至底。定向螺钉要安装在门的内侧，即安装定向螺钉的面必须是内面板（图 6-32）。

图 6-32　斜舌换向

（3）将门锁内外面板的把手按对应的开门方式调好方向。

执手换向方法：用 22 mm 套筒扳手拧下执手固定螺母，适度拉出执手，旋转 180°至正确位置，后复位。重新安装好后，将梅花状螺母固定片向上扳动，以固定螺母。

（4）根据门的厚度裁剪好钥匙拨片和反锁舌拨片的长度（图 6-33）。

图 6-33　长度剪裁

（5）将压簧、旋转方轴、钥匙拨片插入外面板对应的孔位，将外面板的接线穿过锁体过线孔（图 6-34）。

（6）将内面板插入压簧、旋转方轴，反锁拨片，然后与外面板对上孔位固定（图 6-35）。

（7）将锁体的接线头连接在相应的接口上，安装好电池并盖好盖板（图 6-36）。

图 6-34　门锁对位穿线

图 6-35　门锁面板孔位固定

图 6-36　门锁接线及上电

6.4.5　安装调试

（1）打开客户端软件，点击右上角"＋"选择智能门锁。

（2）等待设备添加（在门锁添加过程中每隔 50 s，用指纹开一次门锁）。

（3）如果软件提示有设备添加进来，需确认设备数量是否添加完成。

（4）依次选择个人中心，选择所有设备，选择门锁，对门锁进行编辑，并定义好房间名称。

（5）返回相应房间对门锁进行控制，门锁的开锁密码为主机注册账号的密码。

（6）如果主机未搜索到门锁，则将门锁恢复出厂设置再重新添加（恢复出厂设置，方法1：取下后盖板，用回形针或牙签插入 RST 孔后按住按钮，听到门锁提示恢复出厂成功后松开。方法2：输入门锁管理员密码进入系统设置，输入数字"4"后，听到门锁提示恢复 ZigBee 模块后，按数字"1"确认）。

6.4.6　验收

（1）锁面与门框垂直，无倾斜现象；

（2）门关闭后无松动现象；

（3）执手转动灵活；

（4）复位正常；

（5）锁舌弹出正常，无卡塞现象；

（6）关门时轻轻用力即可锁上，用机械钥匙开门时能轻松将门锁打开；

（7）指纹、密码、手机远程开锁都能正常使用，各项功能正常。

在调试的过程中要强调动手实践的重要性，在实操过程中更要勇于探索，不怕试错。常言道"失败是成功之母"，我们在完成智能门锁的调试过程中也要有这种精神。

拓展知识

资源名称	智能门锁安装准备
资源类型	视频
资源二维码	

项目 7 空气调节系统

现代人 90% 的时间是在室内度过的，采暖、通风、空气调节是影响室内环境的重要因素。新风系统能保证在不开窗的情况下改善屋内的空气品质，彻底解决整套房屋内的通风和换气问题。中央空调系统制冷系统能为空气调节系统提供所需冷量，用以抵消室内环境的热负荷；制热系统能为空气调节系统提供所需热量，用以抵消室内环境的冷负荷。

通过本项目的学习，将了解新风系统及中央空调系统的原理，熟悉新风系统及中央空调系统的结构及设备，掌握新风系统及中央空调系统的类型，并能结合具体户型进行新风系统及中央空调系统的设计。

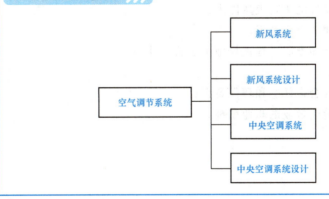

 **任务信息**

【任务说明】

本任务主要学习新风系统的结构及设备、类型及原理，了解新风系统的功能特点，掌握新风系统的结构组成部分，并对新风系统的工作原理及类型有一个全面的认识。

【任务目标】

知识目标：

（1）了解新风系统的功能及特点；

（2）掌握新风系统的结构及设备；

（3）掌握新风系统的工作原理。

能力目标：

（1）能说出新风系统的组成设备；

（2）能说出新风系统各设备的功能；

（3）能说出新风系统的工作原理；

（4）能区分单向流新风系统、双向流新风系统及全热交换新风系统。

素养目标：

（1）具有良好的语言表达能力；

（2）培养团队合作意识；

（3）具备智能家居工程现场施工及管理能力。

思政目标：

（1）培养社会责任感和环保意识；

（2）树立爱岗敬业的职业精神。

【建议学时】

2～4 学时。

【思维导图】

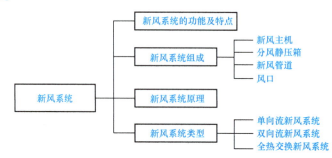

📖 任务工单

任务名称	新风系统认知			
学生姓名		班级	学号	
同组成员				
实训地点	智能家居体验厅			

任务研究	任务介绍	智能家居体验厅面积为 150 m²，配套新风系统。邀请学生进入智能家居体验厅，观察认识新风系统
	任务目标	1. 了解新风系统的概念； 2. 掌握新风系统的构成； 3. 掌握新风系统的工作原理； 4. 掌握不同类型新风系统的特点
	任务分工	分组讨论，然后独立完成任务
任务实施	实施步骤	1. 课前学习。课前查阅、浏览新风系统相关资料，预习本任务知识点内容。 2. 现场观察记录。观察智能家居体验厅新风系统的位置、风管走向、室内室外装置等，并做记录。 3. 问题及疑惑记录。记录现场观察中的问题及疑惑，并现场讨论
	提交成果	1. 课前查阅的新风系统资料； 2. 智能家居体验厅新风系统照片； 3. 对新风系统功能、原理及组成等介绍的短视频

	评价内容	分值	自我评价	小组评价	教师评价
任务评价	按时完成实训任务，服从安排管理	15			
	小组成员分工明确，组员参与度高	20			
	现场记录清晰、详细	15			
	成果提交质量好	50			
	合计				

7.1.1 新风系统的功能及特点

新风系统是通过送风、排风来实现室内空气的有效循环，送入室外经过滤后的新鲜空气，排出室内的浑浊空气。从室内空气相对污浊的地方，如卫生间、衣帽间、走廊设排风口，在室内空气洁净的地方（如卧室、书房、客厅等区域）进行送风，形成一个良好的气流组织，使人们生活办公更舒适。一套完整的新风系统主要由新风主机、分风静压箱、新风管道及风口组成（图 7-1）。

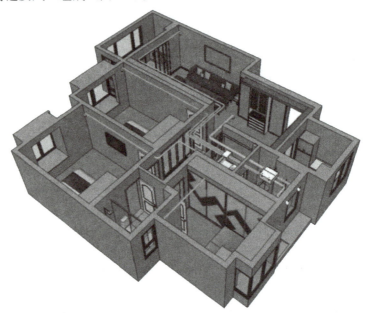

图 7-1 新风系统示意

现代人大部分时间是在室内度过的，室内空气品质的好坏直接影响人们的健康。新风系统能够有效净化室内空气，去除有害气体，同时，新风系统也具备安全、方便的特点，避免了开窗引起的财产和人身安全隐患。新风系统的推广及应用，将在很大程度上改善人们的呼吸环境，提高健康水平。在进行新风系统选型时，应充分考虑绿色、节能、减排。

7.1.2 新风系统组成

（1）新风主机（图 7-2）。新风主机是整套新风系统的核心部件，能够使室内空气产生循环，一方面把室内污浊的空气排出室外；另一方面把室外新鲜的空气经过杀菌、消毒、过滤等措施后，再输入到室内，让房间里每时每刻都是新鲜干净的空气。其组成包括电动机、过滤网、交换芯、机器箱体等。随着技术的不断发展创新，产品除机械通风外，还具有去除 PM2.5、除湿、热交换等功能，而且根据不同的户型大小有相应的机型可供选择。

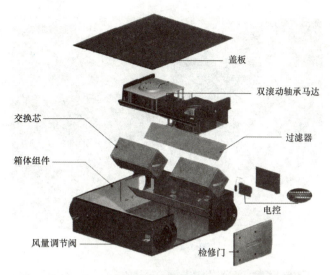

图 7-2 新风主机

盖板

双滚动轴承马达

交换芯

过滤器

箱体组件

电控

风量调节阀

检修门

（2）分风静压箱（图 7-3）。分风静压箱是新风系统的主件之一，仅适用于 HDPE 柔性管道系统，不适用于 PVC 系统。分风静压箱的每个支路口都应配有风量调节阀，根据各房间需求调节风量，从而达到风量平衡。收集并分散风量，降低动压，提高静压，在减小管道阻力的同时使其末端达到最佳平衡，使整个新风系统运转得更加平稳。

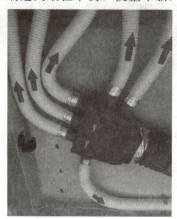

图 7-3 分风静压箱

（3）新风管道（图 7-4）。新风管道包括系统主管和输配支管。系统主管用于设备连接处，为了保证设备的出风效果应选择对应的尺寸规格。系统支管用于将风量传输到新风房间。目前市场上的新风管道多采用 PVC 管道，无论从材料本身还是系统安装上讲都存在诸多缺点，不推荐使用。建议使用 HDPE 柔性新风管道，这种柔性的圆形风管，可以适度弯曲，又具有弹性硬度，内壁光滑风阻小，适合在狭小空间安装，且管道中途不需要连接，避免接缝处积灰难以清洗的麻烦。

（4）风口（图 7-5）。室内风口是新风系统与室内空气交换的直接接口，可分为送风口和排风口。送风口将新鲜空气送入室内；排风口吸收室内污浊空气并沿新风管道排至室外。

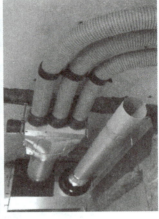

图 7-4　新风管道

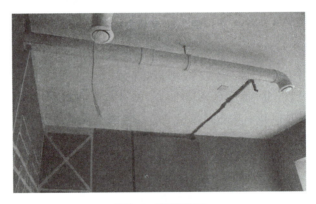

图 7-5　新风风口

7.1.3　新风系统原理

　　新风系统需完成室外侧的排风和新风，以及室内侧的送风和回风。新风系统是根据在密闭的室内一侧用专用设备向室内送新风，再从另一侧由专用设备向室外排出，在室内会形成"新风流动场"，从而满足室内新风换气的需要。实施方案是采用高风压、大流量风机，依靠机械强力由一侧向室内送风，另一侧用专用的排风风机向室外排出，强迫在系统内形成新风流动场。在送风的同时，对进入室内的空气进行过滤、消毒、杀菌、增氧及预热（冬天）处理（图 7-6）。

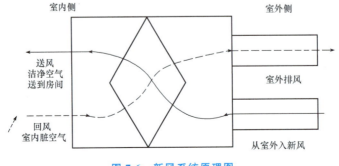

图 7-6　新风系统原理图

7.1.4 新风系统类型

依据送排风的不同形式，常见的新风系统有单向流新风系统、双向流新风系统和全热交换新风系统三种类型。

（1）单向流新风系统（图7-7）。单向流新风系统，即"强制排风、自然送风"系统。以住宅为例，排风口安装在厨房、卫生间等污浊空气聚集的地方，排风口直接与卫生间的竖井或厨房的烟道连接。新风的进风口安装在卧室、客厅的门窗上方，并直接连通户外。

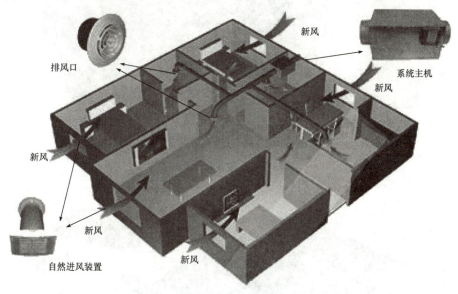

图 7-7　单向流新风系统

单向流新风系统将室内的空气排到室外，使室内形成负压空间，需要搭配窗式新风使用，否则室外未经过滤 PM2.5 超标的脏空气就会从窗户和门缝里进入室内（窗式新风的过滤效果很一般）。

（2）双向流新风系统（图7-8）。双向流新风系统，即"强制排风、强制送风"。一侧通过专用设备向室内送新风，另一侧由专用设备向室外排出，在室内会形成"新风流动场"。新风主机通过管道与室内的空气分布器相连接，持续将室外新风通过管道送入室内，以满足人们日常生活所需新鲜、有质量的空气需求。排风口与新风口均配有风量调节阀，通过主机动力的"排与送"来实现室内通风换气。

（3）全热交换新风系统（图7-9）。全热交换新风系统相当于双向流新风系统的改良，内部增加了全热交换模块，在换气过程中减少室内冷能或热能的流失。全热交换新风主机安装在建筑物阳台、吊顶、设备间、厨房或卫生间。进行通风工作时有害气体与微尘通过排风管道排到室外，同时，新风通过建筑物预留的新风机进入室内。在送排风的同时，进入室内的新风吸收排风中的冷（热）量，达到节能的目的，既保持通风又能尽量节约能源，适合同时开启空调和通风的场景。

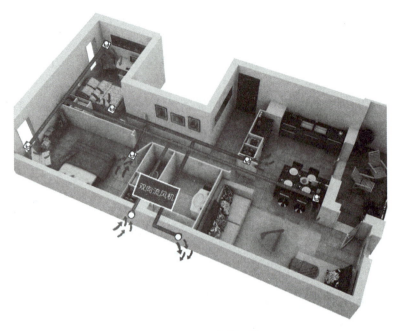

图 7-8　双向流新风系统

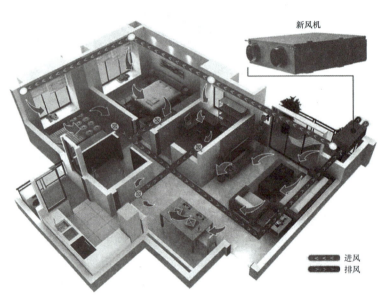

新风机

进风
排风

图 7-9　全热交换新风系统

 课后练习

1. 选择题

（1）室内空气品质的好坏直接影响人类的身体健康，以下不会降低室内空气品质的
是（　　）。

　　A. 环境污染　　　　　　　　　　B. 装修污染

　　C. 生活污染　　　　　　　　　　D. 处理后的新风

（2）新风系统按通风服务范围分为局部换气和（　　　）。

    A. 全面换气　　　　　　　　　　B. 事故通风

    C. 自然通风　　　　　　　　　　D. 机械通风

（3）（　　　）为新风系统提供送排风的动力，一般装在吊顶内。

    A. 新风主机　　　　　　　　　　B. 新风管道

    C. 排风口　　　　　　　　　　　D. 进风口

（4）（　　　）在送排风的过程中，对排风能量回收，回收效率70%左右，节约能源。

    A. 单向流新风系统　　　　　　　B. 双向流新风系统

    C. 自然通风　　　　　　　　　　D. 全热交换新风系统

2. 判断题

（1）新风系统是根据在密闭的室内一侧用专用设备向室内送新风，再从另一侧由专用设备向室外排出，在室内会形成"新风流动场"，从而满足室内新风换气的需要。（　　　）

（2）局部换气是随着全体空气的更换对室内空气的污染浓度进行稀释的一个过程，它适用于污染源分散或不固定的情况。（　　　）

（3）自然通风是利用送风机或排风机等机械力量将室内的空气进行强制性的更换。

（　　　）

（4）双向流新风系统新风靠排风在室内形成负压进入室内，要求门窗密封性好，如果卫生间或厨房窗户打开，则室内形不成负压，新风无法进入室内或新风量不足。（　　　）

（5）单向流新风系统为强制排风、强制送风，一侧用专用设备向室内送新风，再从另一侧由专用设备向室外排风。（　　　）

（6）全热交换新风系统相当于双向流新风系统的改良，其内部增加了一个全热交换模块，在换气过程中尽量减少室内冷能或热能的流失，既能保持通风又能尽量节约能源，又开空调又想通风的可以选择这种系统。（　　　）

3. 问答题

（1）简述新风系统的主要设备类型。

（2）简述新风主机的功能。

（3）简述全热交换新风系统的优点。

拓展知识

资源名称	新风系统概念及分类	新风系统种类	新风系统构成及类型
资源类型	视频	视频	视频
资源二维码			

任务 7.2　新风系统设计

任务信息

【任务说明】

本任务主要学习新风系统设计，熟悉新风系统的设计原则，掌握新风系统各组成部分的设计要点，并能根据给定的功能房间，完成新风系统新风量的计算。

【任务目标】

知识目标：

（1）了解新风系统的设计原则；

（2）掌握新风系统的设计要点。

能力目标：

（1）能说出新风系统各组成部分的设计要点；

（2）能进行新风系统新风量的计算。

素养目标：

（1）培养创新意识；

（2）具备智能家居工程设计能力。

思政目标：

（1）培养绿色节能的环保意识；

（2）培养良好的职业修养。

【建议学时】

4 学时。

【思维导图】

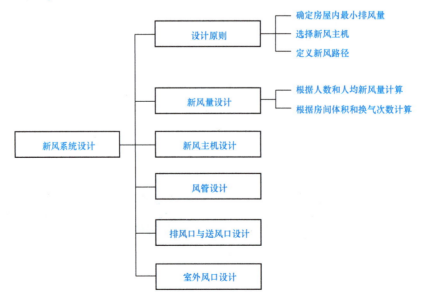

任务名称		新风系统设计		
学生姓名		班级		学号	
同组成员					
实训地点		智慧教室			

任务研究	任务介绍	客户新新租用了某办公楼一层，该层有会议室 2 间、办公室 4 间（图纸如下），根据公司安排，请为新新介绍新风系统设计原则及要点，并进行该层新风量设计计算
	任务目标	1. 了解新风系统的设计原则； 2. 掌握新风系统的设计要点； 3. 会进行新风系统新风量的计算
	任务分工	分组讨论，然后独立完成任务
任务实施	实施步骤	1. 课前学习。课前查阅、浏览新风系统设计相关资料，预习本任务知识点内容。 2. 为客户新新介绍新风系统设计原则及要点。 3. 为客户新新的公司计算所需新风量
	提交成果	1. 课前查阅的新风系统设计资料； 2. 为客户新新介绍新风系统设计原则及要点的短视频； 3. 为客户新新公司计算所需新风量的详细步骤文档

任务评价	评价内容	分值	自我评价	小组评价	教师评价
	具备认真严谨的职业态度	15			
	按时完成实训任务，服从安排管理	20			
	小组成员分工明确，组员参与度高	15			
	成果提交质量好	50			
	合计				

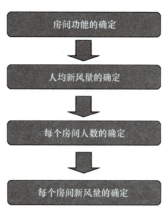

知识链接

7.2.1 设计原则

（1）确定房屋内最小排风量，满足人们日常工作、休息时所需的新鲜空气。

（2）选择新风主机。

（3）定义新风路径，确保新风从空气洁净区域进入，由污浊处排出。

新风系统设计要兼顾舒适性和经济性，确保系统的投资和运行成本经济合理。同时，要考虑设备选型和布局等因素，尽可能减少能耗，提高运行效率。

7.2.2 新风量设计

为确保室内氧气量满足人们的正常呼吸需求，新风量可按照房间内人均所需的必要空气量进行设计。一般有以下两种方法。

方法一：根据人数和人均新风量计算：

$$必需的新风量（m^3/h）=Q×A$$

式中　Q——人均新风量（$m^3/h·人$）；

　　　A——人数。

方法二：根据房间体积和换气次数计算：

$$必需的新风量（m^3/h）=P×S×h$$

式中　P——每小时必需的换气次数（次/h）；

　　　S——新风区域面积（m^2）；

　　　H——天花板高度（m）。

在实际设计中，普通空间最常采用第一种计算方法，第二种计算方法多用于有恒温恒湿、洁净室等特殊需求的房间。以第一种计算方法说明新风量的确定方法，基本流程如图 7-10 所示。

房间功能的确定

人均新风量的确定

每个房间人数的确定

每个房间新风量的确定

图 7-10　新风量确定流程

（1）房间功能的确定。不同功能用途的房间，新风设计的指标也是不同的，因此必须在房间功能确定后才能进行新风设计。

（2）人均新风量的确定。在确定了房间功能后，参照相关的设计标准或节能标准中的新风量指标选择相应的数据。目前，新风量的最低指标一般取 30 m^2/h·人，但如果要根据房间功能切实地确定新风量，可查相关规范（表7-1）。

表7-1　住宅和医院建筑最小新风量

建筑类型		人均居住面积/人员密度 PF / (人·m^{-2})	换气次数 / (次·h^{-1})	新风量参考值 / [m^2·$(h·人)^{-1}$]
住宅	居室	人均居住面积≤10 m^2	0.70	30
	居室	10 m^2<人均居住面积≤10 m^2	0.60	30
	居室	20 m^2<人均居住面积≤50 m^2	0.50	30
	居室	人均居住面积>50 m^2	0.45	30
医院	门诊室		2	20
	病房		2	35～50
	手术室		5	37

（3）房间人数的确定。房间功能不同，室内人员密度也不同，人数是计算新风量的重要因素，房间的实际人数可通过新风区域面积与人均占有使用面积的比值确定，人均占有使用面积参照表7-2。

表7-2　人均占有使用面积

建筑类别	房间类型	人均占有的使用面积/m^2
办公建筑	普通办公室	4
	高档办公室	8
	会议室	2.5
	走廊	50
	其他	20
宾馆建筑	普通客房	15
	高档客房	30
	会议室、多功能厅	2.5
	走廊	50
	其他	20
商场建筑	一般商店	3
	高档商店	4

（4）房间新风量的确定。人均新风量和房间人数相乘即可确定单个房间的新风量，将同一系统中每个房间的新风量相加后即可确定系统所需要的新风量。

7.2.3　新风主机设计

（1）在进行新风系统划分时，为了便于进行风管的布置及后期的施工便利，可考虑每个区域分别以小容量单位设置，如别墅，可每层配置一个新风主机，对应当层的新风需求，无需设置专门的新风管井，既可以便利设计和施工，又可以降低噪声。

（2）建议将新风主机安装在过道、住宅更衣室等非重要活动区域的吊顶内，以保证室内生活环境的安静，特别是设计大风量的机器时，需要采取一定的降噪措施。

（3）若要将主机安装在卫生间的吊顶空间内，为了保证机器的使用寿命，建议吊顶做防潮处理。

（4）在住宅项目中，新风主机不要安装在厨房等充满油烟和蒸汽的地方，否则会导致过滤网、热交换器元件变形，甚至引起火灾。

（5）新风主机的风量越大，厚度越大，所需吊顶空间就越大，应根据吊顶空间合理选择全热交换器。

新风主机如图 7-11 所示。

图 7-11　新风主机

7.2.4　风管设计

（1）管路设计应尽量简单，避免管道穿梁及横穿卧室、客厅等区域。当管道无法避免需要经过道、客厅时，应贴墙布置，管道转弯处应尽量使用 45°的弯头对接。

（2）根据吊顶图在室内送排风口与主机之间使用最短的管路。

（3）在常见的过梁方式中，通常采用过梁器（图 7-12），不直接穿梁。

图 7-12　过梁器

7.2.5　排风口与送风口设计

（1）在确定室内排风口的位置后，送风口的位置一般选择在人员密集或活动频繁区域。

（2）如果卧室内同时有排风口与送风口，它们的位置应呈对角线布置，使该区域气流组织最合理有效。

（3）送排风口的布置主要有两种方式：对角线分布和直线分布（图7-13）。

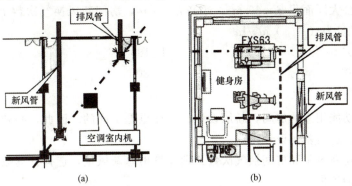

图 7-13　送排风口布置

（a）对角线分布；（b）直线分布

7.2.6　室外风口设计

（1）新风引入口处应设置防虫、防尘用的过滤网，并加装风量调节阀。

（2）为了保证新风的品质，新风引入口避免设置在卫生间的窗户或地下车库的出入口附近，以免异味及浑浊气体严重破坏室内的空气品质。

（3）住宅项目中新风引入口不要设置在厨房的窗户外或吸油烟机的排风口，避免油烟影响机器的使用寿命，以及异味传入风管影响室内空气品质。

（4）新风引入口和废气排出口应尽可能远离，以防止气流短路。新风引入口和废气排出口在同一面时，风口间距应≥3 m，新风引入口和废气排出口不在同一面为首选的吸排风方式。

室外风口布置如图7-14所示。

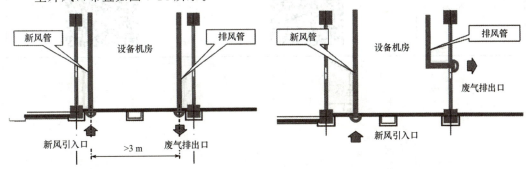

图 7-14　室外风口布置

课后练习

1. 选择题

（1）某工作室面积 65 m²，净高 3 m，人员 30 人，人均新风量取 30 m³/（h·人），新风量为（　　）m³/h。

  A. 198   B. 90

  C. 900   D. 1 980

（2）某办公大厅面积 $S=60$ m²，净高 $h=3$ m，房间新风换气次数 $P=4$ 次/h，人员 20 人，新风量为（　　）m³/h。

  A. 720   B. 180

  C. 3 600   D. 80

2. 判断题

（1）不同功能用途的房间，新风设计的指标也是不同的。因此，必须在房间功能确定的前提下才能进行新风设计。   （　　）

（2）按人均新风量和房间换气次数分别计算出总新风量，选择计算数值较小的作为新风主机的选型依据。   （　　）

（3）人均新风量和房间人数相乘即可确定每个房间的新风量，将同一系统中每个房间的新风量相加后即可确定系统所需要的新风量。   （　　）

 拓展知识

资源名称	新风系统新风量计算	新风系统现场施工
资源类型	视频	视频
资源二维码		

任务 7.3　中央空调系统认知

 任务信息

【任务说明】

本任务主要学习中央空调系统的结构、设备、类型及原理，了解中央空调系统的功能特点，掌握中央空调系统的结构组成，全面认识中央空调系统的工作原理及类型。

【任务目标】

知识目标：

（1）了解中央空调系统的功能及特点；

（2）掌握中央空调系统的结构及设备；

（3）掌握中央空调系统的工作原理。

能力目标：

（1）能说出中央空调系统的组成设备；

（2）能说出中央空调系统各设备的功能；

（3）能说出中央空调系统的工作原理；

（4）能区分中央空调水系统、风管系统和冷媒系统。

素养目标：

（1）具有良好的语言表达能力；

（2）培养团队合作意识；

（3）具备智能家居工程现场施工及管理的能力。

思政目标：

（1）培养绿色节能的环保意识；

（2）树立爱岗敬业的职业精神。

【建议学时】

2～4 学时。

【思维导图】

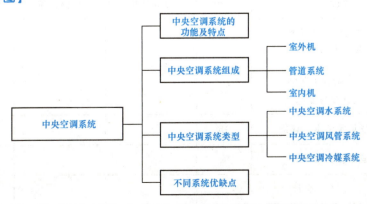

任务工单

任务名称		中央空调系统认知			
学生姓名			班级	学号	
同组成员					
实训地点		智能家居体验厅			

任务研究	任务介绍	智能家居体验厅面积为 $150\ m^2$，配套中央空调系统。邀请学生进入智能家居体验厅，观察认识中央空调系统
	任务目标	1. 了解中央空调系统的概念； 2. 掌握中央空调系统的构成； 3. 掌握中央空调系统的工作原理； 4. 掌握不同类型中央空调系统的特点
	任务分工	分组讨论，然后独立完成任务
任务实施	实施步骤	1. 课前学习。课前查阅、浏览中央空调系统相关资料，预习本任务知识点内容。 2. 现场观察记录。观察智能家居体验厅中央空调系统的位置、管道走向、室内室外装置等，并做记录。 3. 问题及疑惑记录。记录现场观察中的问题及疑惑，并现场讨论
	提交成果	1. 课前查阅的中央空调系统资料； 2. 智能家居体验厅中央空调系统照片； 3. 对中央空调系统功能、原理及组成等介绍的短视频

任务评价	评价内容	分值	自我评价	小组评价	教师评价
	按时完成实训任务，服从安排管理	15			
	小组成员分工明确，组员参与度高	20			
	现场记录清晰、详细	15			
	成果提交质量好	50			
	合计				

7.3.1 中央空调系统的功能及特点

中央空调系统调节室内空气的温度、湿度、清洁度和流动速度，能使某些场所获得具有一定温度和一定湿度的空气，以满足使用者在生产过程中的要求并改善劳动卫生、室内气候条件。中央空调系统是由主机通过风管送风或冷媒管连接末端设备来控制不同房间的空气调节。中央空调系统制冷系统为空气调节系统提供所需冷量，以抵消室内环境的热负荷；制热系统为空气调节系统提供所需热量，用以抵消室内环境的冷负荷（图7-15）。

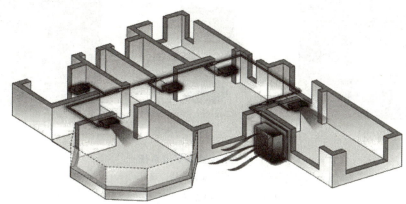

图7-15　中央空调系统示意

7.3.2 中央空调系统组成

中央空调系统由室外机、管道系统（水系统、风系统和冷媒系统）和室内机组成。

（1）中央空调系统室外机。中央空调系统室外机是中央空调的核心设备，在空调工作的时候起到非常重要的作用。空调的压缩机、冷凝管等零部件都位于空调室外机中，在空调制冷过程中，室外机将室内机排出的高压高温气体通过室外（风扇）降温散热，冷凝之后的制冷剂液体再经过毛细管送到室内机的蒸发器中蒸发，变成气体以吸收室内热量，如此反复循环，室内的温度逐渐下降（图7-16）。

图7-16　中央空调系统室外机

（2）中央空调管道系统。中央空调管道系统采用金属板、非金属薄板、铜管或其他材料制作而成，用于空气、冷媒、水等介质流通（图7-17）。

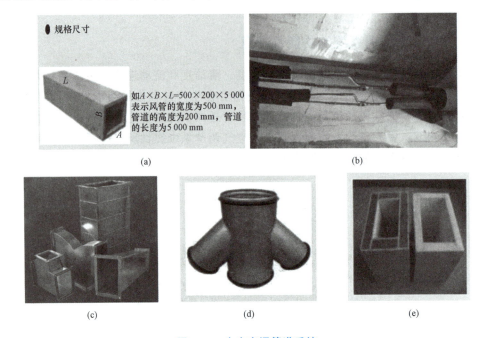

（a）

（b）

（c）

（d）

（e）

图7-17　中央空调管道系统

（a）金属板制作的风管；（b）铜管制作的冷媒管；（c）镀锌风管；

（d）圆形不锈钢四通；（e）塑料复合风管

管道保温具有节能、降噪、保护等功能，在选择保温材料时，优先选用具有耐热性、阻燃性、导热系数小、吸湿率低、无腐蚀性的保温材料，常见的管道保温材料有岩棉制品、复合保温材料、玻璃棉管壳、发泡橡塑等（图7-18）。

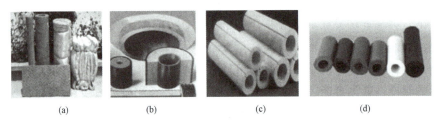

（a）

（b）

（c）

（d）

图7-18　中央空调管道系统保温材料

（a）岩棉制品；（b）复合保温材料；（c）玻璃棉管壳；（d）发泡橡塑

（3）中央空调系统室内机。中央空调系统室内机与室内环境形成一个相对封闭的整体，通过对室内空气进行热交换，达到制冷或制热的目的。中央空调系统室内机的空气输送和分配主要有条形进出风口和散流器两种类型。

室内机的条形进出风口包括出风口和回风口（图7-19）。

条形出风口按进出风口的布置位置可分为侧送下回式、下送下回式和侧送侧回式（图7-20）。

图 7-19 条形进出风口

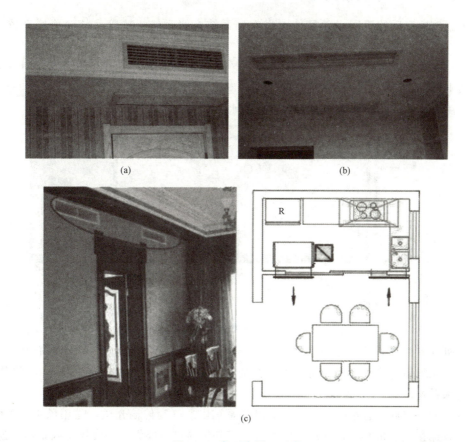

图 7-20 条形出风口形式
（a）侧送下回式；（b）下送下回式；（c）侧送侧回式

　　散流器是指中央空调系统室内机或末端的出风口，所有形式的出风口都有散流作用。安装散流器的目的是使空调的出风能够最大可能地覆盖更大的房间空间或面积，加速空调的调温效果并使房间内温度场更加均匀。选择散流器一般要根据房间内出风口布置的数量多少、房间面积大小、出风口密度等综合考虑（图 7-21）。

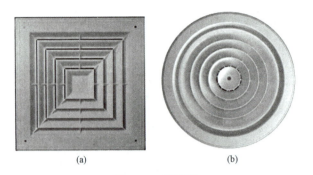

图 7-21 散流器

（a）方形散流器；（b）圆形散流器

7.3.3 中央空调系统类型

依据传输介质的不同，常见的中央空调系统有水系统、风管系统和冷媒系统三种类型。

（1）中央空调水系统（图 7-22）。中央空调水系统以水为传输介质。室外机一般称为冷热水机组，室内机一般称为风机盘管，室内外机通过水管连接（室外机组产生冷/热水，用水泵送入每个室内机。室内空气与水换热达到温度调节的目的）。

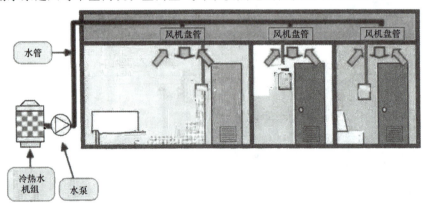

图 7-22 中央空调水系统

主机（室外机／冷水机组）与末端（风机盘管）之间采用水管（可用 PP-R 管、镀锌钢管、无缝钢管等）相连，而水管内部通过的是水，即以水作为冷（热）源的载体，故称为水系统。

（2）中央空调风管系统。中央空调风管系统以空气为传输介质，是用风管（镀锌薄钢板）来连接室内机和送、回风口的系统。室外机通过冷媒管与一台风管式室内机连接，风管式室内机统一处理室内空气，然后通过风管将处理的空气送入每个房间（图 7-23）。

（3）中央空调冷媒系统（图 7-24）。中央空调冷媒系统是以制冷剂为冷/热源的载体。室外机通过冷媒管与多台室内机连接，每个房间的室内机均为冷媒与空气直接换热。

《绿色建筑评价标准》（GB/T 50378—2019）评价体系中资源节约权重最高。建筑不仅能耗高，并且碳排放引发的空气污染也会造成环境破坏，其中很大一部分能耗和碳排放源于空调系统。面对能源危机和环境问题的压力和挑战，正确、合理选用中央空调系统也能减少能耗、减碳排、降低环境污染。对比绿色建筑新标准，建筑中央空调选型应遵循绿色、节能、减排的原则。

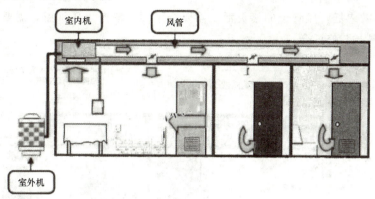

图 7-23　中央空调风管系统

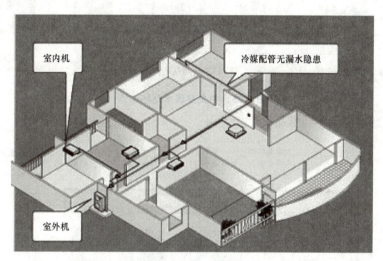

图 7-24　中央空调冷媒系统

7.3.4　不同系统优缺点

（1）中央空调水系统。

优点：舒适性高，每个房间都可以单独控制。

缺点：

1）维护复杂：辅助部件多，系统故障率提升，如不及时维护，换热效率降低，运行费用显著增加。

2）安装复杂：安装隐患大，安装部件多，容易出现漏水现象，破坏装潢。

3）换热效率低：运行费用高，电费支出多。

中央空调水系统的缺点如图 7-25 所示。

（2）中央空调风管系统。

优点：温控精度高、温度恒定，无忽冷忽热现象，舒适性好，初投资较低。

缺点：

1）噪声大。

2）每个房间不能单独控制。

3）换热效率低：风管走向不灵活，需要全吊顶，易产生压抑感，需要占用较大的层高，且不易与装修配合。

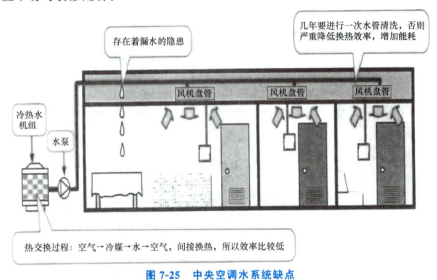

图 7-25　中央空调水系统缺点

中央空调风管系统缺点如图 7-26 所示。

图 7-26　中央空调风管系统缺点

（3）中央空调冷媒系统。

优点：

1）每个房间可以单独控制。

2）室外机可以根据室内负荷的不同调节转速，节能省电。

3）可以满足人对温度的个性化需求。

4）可根据房屋特点自由组合，节能性好，运行费用低。

缺点：

1）初始投资较高。

2）制冷剂泄露不易察觉，因此对冷媒管安装要求高。

3）引入新风需另设新风系统。

4）控制区域受冷媒管长度限制。

5）机外静压小，送风距离短，大房间需要多台室内机。

课后练习

1. 选择题

（1）空气调节，简称空调，调节室内空气的（　　　）。

　　A. 温度　　　　　B. 湿度　　　　　　C. 清洁度　　　　　D. 流动速度

（2）中央空调水系统的室内机一般称为（　　　）。

　　A. 风机盘管　　　B. 室外机　　　　　C. 冷媒管　　　　　D. 冷热水机组

（3）中央空调系统基本组成包括（　　　）。

　　A. 地暖盘管　　　B. 管道　　　　　　C. 室内机　　　　　D. 室外机

（4）按进风口和回风口的布置位置，中央空调系统的条形进出风口可分为（　　　）。

　　A. 侧送下回式　　　　　　　　　B. 下送下回式

　　C. 上送上回式　　　　　　　　　D. 侧送侧回式

2. 判断题

（1）水系统是用风管（镀锌薄钢板）来连接室内机和送、回风口的系统。（　　　）

（2）冷媒系统以制冷剂为冷/热源的载体，室外机通过冷媒管与多台室内机连接，每个房间的室内机均为冷媒与空气直接换热。（　　　）

（3）风管系统室外机与室内机之间采用水管（可选用 PP-R 管、镀锌钢管、无缝钢管等）相连，而水管内部通过的是水。（　　　）

（4）中央空调管道系统采用金属板、非金属薄板、铜管或其他材料制作而成，只能用于空气这一种介质流通。（　　　）

（5）管道保温具有节能、降噪、保护等功能，在选择保温材料时，宜优先选用导热系数大的保温材料。（　　　）

（6）中央空调系统室内机和室内形成一个相对封闭的整体，对室内空气进行热交换，以达到制冷或制热的目的。（　　　）

3. 问答题

（1）中央空调系统主要有哪些设备？

（2）中央空调的送风口和回风口有哪几种常见的布置形式？

拓展知识

资源名称	中央空调系统概念及作用	中央空调系统构成
资源类型	视频	视频
资源二维码		

 **任务信息**

【任务说明】

本任务主要学习中央空调系统设计，熟悉中央空调系统的设计流程，掌握中央空调系统各组成部分的设计要点，并能根据给定的功能房间，完成中央空调系统冷负荷的计算。

【任务目标】

知识目标：

（1）了解中央空调系统的设计流程；

（2）掌握中央空调系统的设计要点。

能力目标：

（1）能说出中央空调系统各组成部分的设计要点；

（2）能进行中央空调系统冷负荷的计算。

素养目标：

（1）培养创新意识；

（2）具备智能家居工程设计能力。

思政目标：

（1）培养社会责任感和创新精神；

（2）增强职业认同感。

【建议学时】

4 学时。

【思维导图】

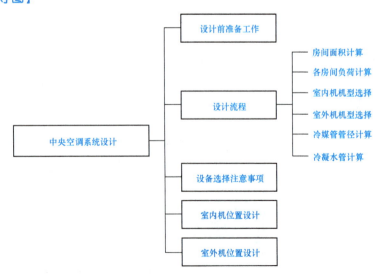

任务工单

任务名称	中央空调系统设计			
学生姓名		班级		学号	
同组成员				
实训地点	智慧教室			

<table>
<tr><td rowspan="3">任务
研究</td><td rowspan="2">任务介绍</td><td colspan="3">客户新新想给自己的三层别墅安装中央空调系统，根据公司安排，请为新新介绍中央空调系统设计流程及要点，并为新新的别墅选择中央空调室内机的型号</td></tr>
<tr><td colspan="3" align="center">某厂家中央空调室内机型号及功率数据</td></tr>
</table>

设备	型号	功率/W
中央空调室内机	RFTSD22MXS-C	2 200
	RFTSD25MXS-C	2 500
	RFTSD28MXS-C	2 800
	RFTSD32MXS-C	3 200
	RFTSD36MXS-C	3 600
	RFTSD40MXS-C	4 000
	RFTSD45MXS-C	4 500
	RFTSD50MXS-C	5 000
	RFTSD56MXS-C	5 600
	RFTSD63MXS-C	6 300
	RFTSD71MXS-C	7 100

任务目标	1. 了解中央空调系统的设计流程； 2. 掌握中央空调系统的设计要点； 3. 会进行中央空调系统冷负荷的计算	
任务分工	分组讨论，然后独立完成任务	

任务实施	实施步骤	1. 课前学习。课前查阅、浏览中央空调系统设计相关资料，预习本任务知识点内容。 2. 为客户新新介绍中央空调系统设计流程及要点。请从房间面积、房间负荷计算、室内机、室外机选择、管径计算等方面为新新介绍中央空调系统设计流程及要点。 3. 为客户新新的三层别墅选择中央空调室内机型号，完成三层别墅空调末端选型表，见下表

三层别墅空调末端选型表

楼层	房间名称	面积 /m²	冷指标 /(W·m⁻²)	冷量 /W	室内机型号	台数	室内机容量	
							单台制冷量/W	总制冷量/W
1F	棋牌室	23.0	230.0					
	保姆房	6.0	200.0					
2F	餐厅	21.0	250.0					
	会客厅	28.0	250.0					
	休闲厅	13.0	250.0					
3F	次卧	13.0	200.0					
	书房	11.0	200.0					
	主卧	24.0	230.0					
小计	—	—	—		—		—	

	提交成果	1. 课前查阅的中央空调系统设计资料； 2. 为客户新新介绍中央空调系统设计流程及要点的短视频； 3. 为客户新新的三层别墅设计计算的空调末端选型表文档

任务评价	评价内容	分值	自我评价	小组评价	教师评价
	具备认真严谨的职业态度	15			
	按时完成实训任务， 服从安排管理	20			
	小组成员分工明确， 组员参与度高	15			
	成果提交质量好	50			
	合计				

 知识链接

7.4.1 设计前准备工作

了解工程概况：

(1) 建筑的功能，如酒店、办公室或住宅等建筑。

(2) 建筑的朝向。

(3) 甲方的要求（经济、系统选择倾向）。

(4) 外机位置。

(5) 电源情况（是否有三相电）。

(6) 现场勘查：对外部环境了解，外机吊装，电梯大小（针对高层建筑）。

7.4.2 设计流程

(1) 房间面积计算：由房间长宽尺寸确定。

(2) 各房间负荷计算：根据当地气候条件估算冷指标与房间面积计算，冷指标可查相应规范。

单位面积冷负荷指标法：

$$Q = Q' \times S$$

式中　Q——建筑物空调房间总冷负荷（W）；

　　　Q'——冷负荷指标（W/m²）；

　　　S——空调房间面积（m²）。

不同类型房间冷负荷指标见表7-3。

表 7-3　不同类型房间冷负荷指标

房间类型	冷负荷指标/（W·m⁻²）	房间类型	冷负荷指标/（W·m⁻²）
办公室	120～220	门厅、中庭	110～180
百货商场	180～300	走廊	90～120
旅馆客房	100～180	室内游泳池	220～360
会议室	220～320	图书阅览室	100～150
舞厅（交谊舞）	220～280	陈列室展览厅	160～260
舞厅（迪斯科）	280～350	会堂、报告厅	200～260
酒吧	150～250	体育馆	200～280
西餐厅	200～250	影剧院观众厅	220～350
中餐厅宴会厅	220～360	影剧院休息厅	250～400
健身房保龄球	150～250	医院病房	100～180
理发、美容	150～280	医院手术室	150～500
管理、接待	110～150	公寓、住宅	100～200

(3) 室内机机型选择：依据计算出来的房间冷负荷（房间面积与冷负荷指标乘积）与厂家空调样本参数对比选样。

(4) 室外机机型选择：统一系统所有室内机冷量总和，与厂家空调样本参数对应选出。

(5) 冷媒管管径计算：参照技术资料。

(6) 冷凝水管计算：根据设备制冷量确定。

在进行中央空调系统设计时，不能只追求美观和新颖，应充分考虑业主的需求及设计的实际应用和社会影响，不断探索新的设计思路和方法，尽可能地降低能耗与碳排，减少环境污染。

7.4.3　设备选择注意事项

(1) 冷量不足；

(2) 风量偏小；

(3) 机外余压不足：实际施工中风管接得过长，导致风口无风；

(4) 噪声问题：在卧室、客厅等噪声要求较高的房间，面积较大时，应采用两台小设备替代一台大设备。

按照国家标准规定，住宅区的噪声，白天应≤50 dB，夜间应≤45 dB，如果超过这个标准，便会对人体产生危害。不同分贝值的人体感受见表7-4。

表7-4　不同分贝值的人体感受

0～20 dB	很静、几乎感觉不到，如呼吸声	70～90 dB	很吵、神经细胞受到破坏，如战斗机、飞机的起降
20～40 dB	安静、犹如轻声絮语，如很小的风声		
40～60 dB	一般、普通室内谈话	90～100 dB	吵闹加剧、听力受损
60～70 dB	吵闹、有损神经，如在交通闹市区	100～120 dB	难以忍受、待1 min即暂时致聋

7.4.4　室内机位置设计

(1) 送风回风无阻挡的地方。

(2) 室内机避免安装在卧室床头上方和家电上方。

(3) 室内送风口避免安装在拐角处（特别针对，20 m² 的空间），以防气流分布不均匀。

(4) 为方便安装风机盘管，吊顶要求厚度为250～300 mm。

(5) 检修口开口尺寸建议为400 mm×400 mm（根据每个厂家实际尺寸预留）。

(6) 客餐厅空调装过道：一般公寓房的过道空间会为了隐藏梁而做一些局部吊顶，将空调内机隐藏在吊顶中不会占用室内层高，人不会长期停留在过道区域也不会对过道层高产生过多关注。

(7) 卧室空调装门口：一般卧室的门口和过道相连，空调安装在这个位置避免了冷风直接吹在床上产生的不舒适感，而且空调位置距离床较远也避免了空调运行时产生的噪声干扰。

(8) 书房空调装侧面：书房是安静读书学习的地方，空调安装在正面直接吹在桌子上，容易造成书或纸张被吹乱，而且迎面吹来的热风也容易造成人头晕等过热的不适感。

(9) 卫生间空调防潮气：卫生间本来就是比较潮湿的环境，因此要尽可能将设备和空调回风口远离浴缸、淋浴房等潮湿的区域，防止潮湿造成的设备损坏。

(10) 厨房空调防油烟：厨房中设置空调的主要问题是油烟对空调的损伤，因此，应尽可能将空调安装在就餐区或远离灶台的区域，使出风方向与油烟的出风方向相反。

(11) 出风对着窗口：夏季的热气主要来自窗口及外墙，将出风口对着窗口将有效阻止热量的进入，可以更有效地利用空调冷量。

(12) 风口避开灯具：风口对着水晶灯等灯具直吹将会造成水晶彼此碰撞甚至造成损坏。

(13) 影音室空调避开设备：空调风机工作会产生一定的电流干扰，需远离对此敏感的音响、显示设备，同时也能减少噪声对音效的干扰。

7.4.5 室外机位置设计

(1) 应尽量避开自然条件恶劣（如油烟重、风沙大、阳光直射或高温热源）的地方。

(2) 室外机安装位置应尽可能选择距离室内机较近的地方，还要考虑空气流通、无阳光或少阳光照射的条件。因此，室外机组应安装在空调房间的外墙，朝向最好为北向，其次为南向，最差为东、西向。

(3) 安装面应坚固结实，具有足够的承载能力，且无振动，不引起噪声的增大。例如，空调安装在凸出的阳台上会产生强烈共振，噪声大。一般安装在卧室的窗户下面，隔着窗、墙，会大大减少噪声，而且安装在窗户下面伸手可及，方便日后的维护清洗、套空调罩及检修等工作的进行。

(4) 应安装在排出空气和噪声不影响邻居的地方，建筑物内部的过道、楼梯、出口等公用地方不应安装空调的室外机。

 **课后练习**

1. 选择题

李先生在湖北有一套三室两厅的房子，其中主卧面积为 15 m²，次卧面积为 12 m²，书房面积为 9 m²，客厅面积为 20 m²，餐厅面积为 10 m²。冷负荷指标取：客厅 200 W/m²，餐厅 200 W/m²，卧室 180 W/m²，计算李先生家客厅冷负荷为（　　）W。

    A. 4 000　　　　B. 2 160　　　　C. 2 700　　　　D. 2 000

2. 判断题

(1) 建筑物空调房间总冷负荷为冷负荷指标与空调房间面积乘积。（　　）

(2) 不同地区、不同使用功能的房间，空调冷负荷指标都是一样的。（　　）

(3) 室内机机型在选择时，依据计算出来的房间冷负荷与厂家空调样本参数对应选出。（　　）

 拓展知识

资源名称	中央空调系统设计	中央空调系统现场施工
资源类型	视频	视频
资源二维码		

参考文献

[1] 林凡东，徐星. 智能家居控制技术及应用 [M]. 北京：机械工业出版社，2017.

[2] 强静仁，张珣，王斌. 智能家居基本原理及应用 [M]. 武汉：华中科技大学出版社，2017.

[3] 孙新贺. 智能家居系统搭建入门实战 [M]. 北京：中国铁道出版社，2022.

[4] 于恩普. 智能家居设备安装与调试 [M]. 北京：机械工业出版社，2016.

[5] 刘修文. 物联网技术应用——智能家居 [M]. 3版. 北京：机械工业出版社，2022.

[6] 全国安全防范报警系统标准化技术委员会. 安全防范系统维护保养规范：GA/T 1081—2020 [S]. 北京：中国标准出版社，2021.

[7] 王建玉. 安全技术防范系统工程 [M]. 北京：中国建筑工业出版社，2022.

[8] 王公儒. 视频监控系统工程实用技术 [M]. 北京：中国铁道出版社，2018.

[9] 罗汉江. 智能家居概论 [M]. 北京：机械工业出版社，2021.

[10] 林思荣. 一本书读懂智能家居 [M]. 北京：清华大学出版社，2024.